男孩百科

优秀男孩的性格密码

彭凡 编著

爱欢迎的小秘密

化学工业出版社

·北京·

前言

你知道吗?

每个男孩，都像独一无二的神秘星球。

虽然星球的表面不太平坦,

但是只要迎着阳光,

就会闪烁出属于自己的璀璨光芒!

你知道吗?

每个男孩，身体里都有一个神秘的宝库。

虽然连你自己也不曾发觉,

但是只要你找到打开宝库的钥匙,

就能释放无穷的能量与潜力!

你知道吗?

每个男孩，都有着截然不同的性格。

虽然没有一种性格是完美无缺的,

但是只要你找到属于自己的风格,

就能塑造出最独特的自己!

是谁说你像孔雀一样张扬？
其实，你也有害羞的一面！
是谁说你像老虎一样骄傲？
其实，你比谁都勇敢！

是谁说你像考拉一样懒散？
其实，你坚韧又有耐心！
是谁说你像猫头鹰一样孤独？
其实，你重信又极度认真！

男孩，不管你是孔雀、
是老虎、是考拉，还是猫头鹰……
只要你打开这本书，
读懂这79个杰出男孩的性格密码，
收起那些性格中的弱点，
发扬可贵的优点，
你就能成为最夺目的森林之王！

目录

第一章　孔雀型男孩　用热情感染身边的人

第二章　考拉型男孩　温暖身边的每一个人

目录

第三章　老虎型男孩　做一个有志气的人

第四章　猫头鹰型男孩　沉着耐心是一笔财富

人物介绍

孔雀型

优点：乐观，热情，幽默；

具有很强的社交能力和表达能力，能够感染他人！

缺点：爱表现，容易骄傲。

考拉型

优点：具有很强的耐心；

性格敦厚随和，做事专心致志；

即使面对再大的困难，也能泰然自若。

缺点：缺乏主见和创新。

老虎型

优点：积极自信；

敢于冒险，竞争力强；

认定目标后就会勇往直前。

缺点：好胜心太强，容易冲动；

往往会忽视别人的意见。

猫头鹰型

优点：性格内敛，做事条理清晰；

守纪律，重承诺；

是一个完美主义者。

缺点：不善于表达；

喜欢独来独往，不太合群；

吹毛求疵，爱挑剔。

第一章

孔雀型男孩 用热情感染身边的人

没有烦恼的孔小星

五年级四班来了一位新同学，他的名字叫孔小星。无论什么时候，遇到什么事，孔小星的脸上都始终挂着微笑。

比如，每天早上，他会笑着跟每一位同学打招呼：“嘿，你好！”

比如，同学不小心踩到他，将他的白球鞋踩脏了，他反倒安慰对方：“没事，我刚好要洗鞋。”

又比如，老师安排座位时，将他分到了最后，他无所谓地耸耸肩：“哈哈，这样的距离对眼睛非常好！”

大家觉得很奇怪，好像无论多大的事在孔小星面前都不算事，难道孔小星就没有烦恼吗？

其实，孔小星的烦恼也

多着呢！新学校、新老师、新同学，陌生的人和事让他非常不适应，他觉得烦恼极了。

但是，每一次，孔小星的烦恼只会停留十分钟。十分钟之后，孔小星又会想，只要自己保持着一颗热情、快乐的心，他就一定能很快融入新环境。

果然，不到一个星期的时间，孔小星就和同学们打成一片，同学们都被他乐观的性格感染了呢！

★ 你常常为了一件小事感到烦恼吗？

★ 你会因为与同学疏远而感到难过吗？

★ 你遇到困难会一蹶不振吗？

★ 不如给自己一个微笑，乐观地面对这些问题吧。你要相信，只要微笑，一切都会好起来的！

轻松搞定一场秀

就在刚才，老师宣布了一个重磅消息：“明天，老师要带大家去敬老院做义工。为了让敬老院的爷爷奶奶开心，大家需要准备一场小型文艺汇演，送给他们，怎么样？”

同学们一听，立马炸开了锅：

“好哇！好哇！我要给爷爷奶奶唱首歌。”

“我要跳一支舞。”

“我要表演一个小魔术。”

……

同学们你一言我一语，场面好热闹。

“那谁来表演第一个节目呢？”班长一句话，教室里立马安静了下来。

同学们都不敢举手，只有孔小星腾地站起来说：“我来！”

大家都齐刷刷地看着孔小星。

“这不难，开场第一个节目，要热闹，要新颖，要能活跃气氛。”孔小星大胆地说出了自己的看法，“我来组织一个T台秀，保准让大家都喜欢。”

在孔小星的号召下，几个同学留了下来。孔小星打开手机，带领大家学了起来。经过多次练习，大家越来越有信心表演好了。

果然，这临阵磨枪，不快也光啊！到了敬老院，这T台秀一开始，现场气氛马上活跃起来。后面的同学也纷纷壮起胆子顺利地完成了各自的表演。老人们别提有多开心了。

每个人都有自己的优点，也会有自己的缺点。如果说爱表现是孔小星的缺点，那乐观热情、社交能力强就是孔小星的优点啦。当优点像太阳一样光芒万丈时，谁又会在意那小如灯泡的缺点呢？

你有什么优点，又有哪些缺点呢？坦诚地写下来吧！

快快行动起来，让你的优点盖过你的缺点吧！

快速清除坏心情

再乐观的男孩，也会有心情不好的时候。

就像孔小星，别看他成天笑嘻嘻的，一副无忧无虑的样子，可是坏心情来了，他也抵挡不住呢！考试没考好，被老师批评了，他也会沮丧；和好朋友闹别扭了，他也会闷闷不乐；甚至，被雨困住了，铅笔芯断了，吃饭嚼到小石子，这样的小事，也会让他感到郁闷。

可奇怪的是，不管面对怎样的困扰，不管坏心情从哪个方向袭来，孔小星都能在十分钟之内，将它们清除干净。

他究竟是怎么做到的呢？难道他有什么秘诀？让我们来一探究竟吧！

坏心情

孔小星丢掉坏心情的秘诀

说积极的话

同样是剩下半个面包，比起“唉，只剩下半个了”，“哈，还有半个”是不是听起来更让人开心呢？换一种乐观的说话方式，心情也会跟着好起来。

把糟糕的事丢一边

被糟糕的事绊住了，与其想方设法打败它，还不如先把它搁置一旁，不理它，去做一些让自己快乐的事呢！你不理烦恼，烦恼自然就会慢慢消失。

换个角度看问题

遇到不顺心的事情，我们可以换个思路想一想，把坏事当成好事来看。考试没考好，不是失败，而是证明自己还有进步空间；被大雨困住，没关系，正好停下来欣赏一下屋檐下美丽的瀑布雨。

和快乐的人做朋友

孔小星之所以如此乐观，还有一个很重要的原因，那就是他爱和乐观的同学做朋友。大家一起相互感染，相互影响，快乐就被无限放大，像阳光一样照耀了每一个人。

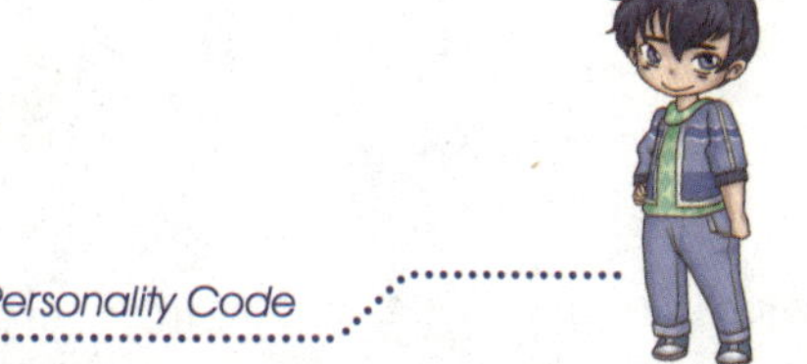

“爱表现”是坏事吗？

孔小星大胆、活泼，就是有点儿爱表现自己。比如，同学们讨论某一件事情时，他总要凑上去说一句“我早就听说了”，或者说“我也知道这事”，来显示自己懂得很多。

上课时，即使老师没有让他回答问题，他也会抢着说出正确答案。

有一次，韩里正在跟大家说哈尔滨的冰雕有多壮观、多精致。孔小星突然跳出来抢着说：“哈哈，我去过哈尔滨，其实冰雕并没有你说的那么神奇！”

韩里气得直跺脚：“你去过哈尔滨了不起吗？”说完气呼呼地走了。

同桌刘子师忍不住说：“孔小星，你应该低调一点儿。”

可是，孔小星却不以为然：“我认为爱表现并不是什么坏事。”

确实，适当地表现自己并不是坏事，它能提升你的自信心，并将你的优点展现在众人面前，使你赢得更多的机遇。可是，如果是为了出风头，满足自己的虚荣心，刻意地去表现自己，那就会让身边的人感到厌烦。

“爱表现”的消极面：

☆ 风头出多了，会助长虚荣心。

☆ 收获了太多的成功和赞美，抗压能力可能会降低。

☆ 容易表现出对别人的不尊重，影响人际关系。

如何适当地表现自己

- 敢于表现自己，不要过分压抑自己。
- 在表现自己的同时，也要给他人表现自己的权利和机会。
- 在自己的能力范围内表现自己，不要不懂装懂。
- 不能为了突出自己而贬低别人。
- 与其一味地口头强调自己有多厉害，还不如用实际行动证明自己的能力。

朋友间的小别扭

早上，刘子师发现自己忘记带墨水，就想借孔小星的用。可是，孔小星恰好不在教室。

刘子师心想：自己和孔小星是好朋友，借用一下应该没关系吧。于是，他便自作主张“借”了孔小星的墨水。

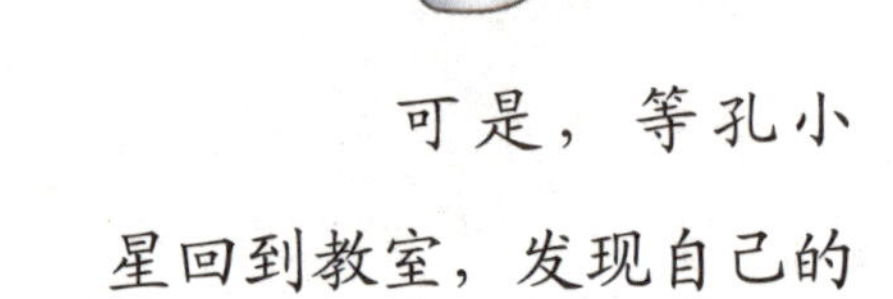

可是，等孔小星回到教室，发现自己的墨水在刘子师的课桌上，他有点儿生气了，便说：“你怎么可以不经过我的同意，就随便拿我的东西呢？”

刘子师看了他一眼，平静地说：“不就借一下墨水，多大点儿事，你至于这样吗？”

孔小星气得差点儿跳起来，叫道：

“你这不是‘借’，随便拿走别人的东西是‘偷’！”

刘子师一听，瞬间炸毛了，大吼道：“我才不稀罕你的破墨水呢！”

“你拿我的东西，你还有理了？”孔小星也毫不示弱，提高了嗓门。

于是，两人你一言我一语，吵得面红耳赤，谁也不让谁。直到上课铃声响起，两人才“熄火”，谁也不理谁了。

你觉得到底谁错了呢？

孔小星的错处：

如果对方做错了事，让自己感到不开心，首先应该让自己冷静下来，心平气和地与对方讲道理。如果不管对方是不是有意的，一开始就说过分的话，无论是谁听了都会很伤心，更何况是好朋友呢？

刘子师的错处：

即使是最好的朋友，要借用东西时，也要经过对方的同意才行。动不动就拿走别人的东西，这可不是好习惯！

所以，这件事两个人都有错。朋友之间只有互相理解、互相包容，才能使友谊更牢固、更长久。

“差生”也有闪光点

孔小星不爱学习，考试成绩总是排名靠后。班上很多同学都认为孔小星是个不爱读书的“差生”。而他的好朋友刘子师却是老师和家长心目中的好学生、好孩子。

不是说“物以类聚、人以群分”吗？这看似八竿子打不着的好学生怎么会跟“差生”成为好朋友呢？

原来，在刘子师心中，孔小星并不“差”。

孔小星不爱学习，却爱看课外书，他总是有一肚子新奇有趣的故事，经常把刘子师逗得前俯后仰，捧腹大笑。

孔小星乐观开朗，对每一个同学都非常热情。只要有孔小星在的地方，就一定会有欢笑声。

孔小星朋友很多，他对待朋友都很真诚，乐于助人，在帮助别人的时候，孔小星从来不遗余力。

……

要说起孔小星的优点来，刘老师可以发表一个大演讲呢。

每一个班上，都会有所谓的“差生”。你是怎么看待这些“差生”的呢？难道“差生”们真的很差吗？也许，在学习成绩方面，“差生”们的表现并不好，但是，成绩并不是衡量一个人是否优秀的唯一标准，只要你细心观察，你就会发现“差生”们也有很多闪光点呢！

如果我有一个“差生”朋友……

★ 绝不会戴着有色眼镜看他。

★ 发现他身上的优点和长处，向他学习。

★ 帮助他改掉坏毛病。

★ 多在学习上鼓励、督促他，与他一起进步。

被人夸奖后的我

这天，孔小星和妈妈在公园里散步，迎面碰上了妈妈的同事薛阿姨。薛阿姨和妈妈寒暄了几句后，看着孔小星，笑着说：“哟！这是小星吧，都这么高啦，长得可真帅！”

孔小星不好意思地挠了挠头。

薛阿姨又问：“听说你上次画画拿了学校的第

二名，真是个聪明的好孩子！”

孔小星被薛阿姨连夸了好几句，心中好不骄傲，眉开眼笑地说：“薛阿姨，您过奖啦！”

直到薛阿姨离开后，孔小星依旧有些飘飘然。

妈妈看着孔小星一脸得意的样子，摇摇头说：“别人夸你两句，你就飞上天了？你知不知道，薛阿姨的儿子前段时间拿了市里数学比赛第一名。”

“啊？！”孔小星惊讶地张大嘴巴，顿时又羞又愧。原来，世界上有很多人比自己厉害，自己却还在为几句小小的夸奖沾沾自喜，实在太丢脸啦！

面对夸赞怎么做

- 不骄不躁，用一颗平常心对待。
- 丢下荣誉的包袱，轻装前进。
- 在每一次成功后，都为自己设定更高的目标。
- 向更厉害的人学习。

马虎真的是小毛病吗？

孔小星是个很聪明的孩子，可就是太马虎了。

比如做数学作业时，明明是加法，孔小星却看成了减法；明明是5.98，他偏偏写成了59.8；默写英语单词时，明明是tomato，他却写成了tomoto。

妈妈都快替他愁死了！唉，小时候就这么马虎，长大后可怎么得了啊！

可是，孔小星自己却觉得没什么。不就是马虎吗？有什么大不了的。

学校要举行作文比赛，因为孔小星看书多，所以被老师列入了参赛选手的名单中。

孔小星自信满满地走进考场，随意看了一遍作文要求，就开始动笔写起来。孔小星写得很快，文思泉涌，不一会儿就写完了。

孔小星满意极了，心想这次一定能拿奖。

几天后，比赛结果出来了，获奖名单上压根就没有孔小星的名字。原来，这次的作文是以“早”为题，孔小星却看成了“旱”，所以写跑题了。

孔小星后悔极了，心里暗暗发誓：从现在起，再也不做“小马虎”了。

小讲堂

如果你是一位马虎的医生，给病人开错了药，那就是人命关天的大事；

如果你是一个马虎的工程师，一个螺钉没拧紧，产品就会出现大问题；

如果你是一个马虎的商人，一个小数点的错误，就可能造成上亿元的损失。

读书时马马虎虎，会影响我们的学习，等我们长大后，就会影响我们的工作，甚至人生。所以，千万别把马虎当作小毛病，对它视而不见。趁它还小时，就赶紧将它消灭吧！

为我保密好吗？

下午，班主任通知同学们去医务室体检，教室里顿时欢呼声一片。哈哈，只要不上课，无论做什么事，同学们都非常乐意。

可是，孔小星发现刘子师看上去一点儿也不高兴，脸色还有些苍白。于是，他关切地问道："你怎么了？不舒服吗？"

刘子师左右看了一眼，这才支支吾吾地开口："听说体检要抽血，我……我……"

孔小星立刻明白过来，原来，刘子师怕打针呀！

“你可不要告诉别人啊。”刘子师紧张兮兮地叮嘱道。

孔小星立刻点点头，心里却笑开了花，还假装一本正经，竖起三根手指头：“我发誓，绝对保密！”

转眼，孔小星就把这件事当笑话说给了韩里听，韩里又说给林墨听……一个下午的时间，全班同学都知道刘子师怕打针了。

明明答应帮刘子师保密，孔小星却根本不当回事，真是大嘴巴呀！孔小星的做法，不仅伤害了朋友，还失去了朋友对他的信任。以后，谁还敢将秘密说给他听呀！

每一个男孩都必须牢记，只有能够守住别人秘密的人，才值得被信任和依赖，才会拥有知心朋友！

面子很重要吗？

因为孔小星不守信用，刘子师被班上的同学嘲笑了好久，心里不由得抱怨孔小星是个不讲义气的“大嘴巴”。所以，刘子师一个上午都没有搭理孔小星。

下课后，两人又在厕所前碰见了。孔小星装作若无其事的样子，跟刘子师打招呼，可是刘子师却面无表情地把头扭到了一边。

孔小星又羞愧又尴尬，气呼呼地嘀咕道：“哼！有什么了不起的，我还不稀罕和你说话呢！”

到了下午，孔小星有些坐立不安了。泄密的事本来就是自己的错，如果不道歉就太不够意思了。可是，孔小星一想到刘子师对他不理不睬，顿时又觉得：如果自己主动道歉，那多丢脸啊！还是不去吧……

到底是要面子，还是道歉呢？如果你是孔小星，你会怎么选择呢？

孔小星的选择

· 道歉

孔小星会得到刘子师的谅解，两人依旧是好朋友。而且，“吃一堑，长一智”，通过这件事，孔小星认识到自己的错误并加以改正，相信他以后一定不会再犯同样的错误。

· 不道歉

如果孔小星为了维护自己的自尊心不去道歉，那他和刘子师的友谊一定会被消耗殆尽。试想一下，一个为了自己的面子，知错不改的人，有谁还愿意和他做朋友呢？

“面子”真的有那么重要吗？

“面子”只是一种虚荣心，而友谊却是世界上最珍贵的东西。如果为了一时的“面子”，而放弃一段真挚的友谊，也太不值得了呢！

在朋友面前，该认错就要认错，该低头就得低头，真正的朋友绝不会因为你一时的过错而记恨你，更不会因为你服软道歉而看轻你。更何况，敢于承认错误，那才是真正男子汉的表现，那才是真正的有“面子”！

我来说一个笑话吧！

雨淅淅沥沥地下着，教室里，同学们的心情和窗外的天气一样阴沉沉的。

哎，好不容易盼来了体育课，大家却只能坐在教室里自习。

班主任见大家无精打采，便提议玩一个游戏——轮流上台表演节目。可是，大家根本提不起兴趣。

见大家毫无兴致，孔小星眼珠子滴溜溜地转了几圈，站起来走上讲台，自告奋勇地第一个表演节目。

"我没什么才艺，就给

大家讲一个笑话吧。从前，有一个地主，心地不好，总是欺压在他家做工的农民……”

孔小星一边讲故事，一边手舞足蹈，比画着故事里的场景。有趣的故事情节和夸张的动作逗得大家捧腹大笑，教室里顿时变得热闹起来。同学们争相站起来表演节目，欢乐的气氛把冷风和雨声都隔绝在了窗外……

你是不是也想像孔小星一样，拥有让所有人都开心起来的魔力呢？快跟孔小星学几招吧！

- 当气氛冷场时，可以说一个笑话，将气氛带动起来。
- 和朋友聊天遭遇冷场时，及时把话题转移到对方感兴趣的事情上。
- 当朋友伤心时，送上真诚的关怀和安慰的话语。

别把委屈藏在心里

周末，孔小星的阿姨带着四岁的小弟弟来他家做客。妈妈和阿姨在厨房里忙个不停，孔小星和小弟弟在客厅里玩。这时，小弟弟伸手去拿桌子上的水果，结果一个不小心，碰翻了水杯。

“砰”的一声，玻璃杯掉在地上摔碎了，还溅了弟弟一身水。

小弟弟小嘴一咧，哇哇大哭起来。

妈妈听到哭声，急忙从厨房跑出来，不问缘由，对着手足无措的孔小星责骂道：“你怎么欺负弟弟呀？这么大的人了，就不能让一让他吗……”

没等孔小星解释，妈妈抱着小弟弟换衣服去了。

被冤枉的孔小星心里又气愤又难过，想跟妈妈解释清楚，又怕妈妈不相信他。于是，他愁眉苦脸地走进自己的房间，“砰”的一声关上了房门。

孔小星的这种做法对吗？这样做，只会让误会一直存在，然后搞得自己心情很糟，还和最爱他的妈妈产生隔阂。

其实，不只是孔小星，我们每个人都会有受委屈，或是被误会的时候。当你遇到委屈时，是把委屈藏在心里，还是乱发一顿脾气呢？千万别乱选，因为这两种做法都不可取哟！

当我们遇到委屈时，应该怎么办呢？

◆ 不要憋在心里，更不要因此大发脾气。

◆ 等事情平息后，找一个合适的机会，心平气和地将事情的原委解释清楚。

◆ 如果遇到难以解释清楚的委屈，可以向好朋友或老师倾诉，请他们排忧解难。

真诚对待每一个人

班上有一个不起眼的男孩，名叫韩星。他是从农村来的，说话时带着浓浓的口音，当他感到紧张时，还会有点儿口吃。有些调皮捣蛋的男生，经常拿他的小毛病开玩笑。

可是，孔小星并没有这么做，相反，他还经常主动找韩星聊天呢！

这天，体育课上，老师让大家自由活动。同学们三五成群，结队踢球、玩游戏、赛跑……只有韩星一个人孤零零地坐在草地上。

孔小星笑呵呵地跟他打招呼：“我可以坐在这里吗？”

韩星显得有些拘束，揪着衣袖点了点头。

接着，孔小星寻找各种话题和韩星聊天。渐渐地，韩星的话变多了。他跟孔小星说了许多农村的趣事，比如怎么种土豆和玉米，如何抓蛐蛐，大山里有哪些有趣的动物……

孔小星惊讶地张大嘴巴，心想：如果自己不主动和韩星聊天，就不知道他是一个这么有趣的人呢。

其实，韩星并不是一个内向、无聊的人。只要别人真诚地对待他，他就能敞开心扉，向对方分享他的快乐。

■ 友谊需要真诚去播种。——[德] 马克思

■ 人与人之间，只有真诚相待，才是真正的朋友。谁要是算计朋友，等于自己欺骗自己。——[尼日利亚] 哈吉·阿布巴卡·伊芒

■ 真诚才是人生最高的美德。——[英] 乔叟

■ 一颗好心抵得过黄金。——[英] 莎士比亚

■ 要让新结识的人喜欢你，愿意多了解你，诚恳老实是最可靠的办法，是你能够使出的“最大的力量”。——[美] 艾琳·卡瑟拉

热情过头了吗？

虽然，热情开朗的孔小星总是会给大家带来快乐，可是，有时候热情过了头，也会让人感到很尴尬呢！

孔小星的妈妈开了一家服装店。孔小星趁着周末去妈妈的店里玩，学着妈妈的样子，热情地接待客人。

“阿姨，您穿这件一定很好看。那件的颜色也很衬您的气质……”孔小星跟在一位微胖的阿姨身边，不停地向她推荐每一件衣服。

可是，那位阿姨听到他的话，却皱了皱眉头，在店里转了一圈后就离开了。

孔小星疑惑地看着妈妈：“难道我不够热情吗？”

妈妈摇了摇头：“不，你是热情过头了。”

孔小星不明白了，难道热情地接待顾客不好吗？

妈妈反问他：“如果你去一家商店买东西，导购员却一直跟着你，一会儿说这个好，一会儿又向你推销那个，你会有什么感觉呢？”

“那我一定会觉得很不耐烦。”孔小星说。

妈妈笑了笑，说：“这就对啦。虽然我们要热情地接待顾客，但是也要给顾客留下选择的空间。只顾着说个不停，会让顾客感到厌烦。”

☆ 我们在和别人相处的过程中也应该如此。不要热情过头了，要给别人留下私人空间。这样的相处才会让人感到舒适。

☆ 面对不太熟的朋友，言行举止不能太亲密，要学会保持适当的距离。

☆ 在交流时不要说个不停，要学会说“你认为呢”“你有什么想法”等类似的话。

我的思维太跳跃

孔小星的思维很跳跃。大家明明在说着这个话题，聊着聊着，孔小星就突然毫无预兆地跳到了另一个话题上，常常让其他人感到“丈二和尚摸不着头脑”。

在谈话时，思维太跳跃会妨碍交流，往往使对话无法继续；在做事时，跳跃的思维会导致做事散乱，没有组织，杂乱无序，很难将做事情的思路理清；写文章时，思维太跳跃，一下写到这，一下写到那，主题不明确，思路不清晰，就写成了传说中的流水账……

不过呢，跳跃的思维如果发挥得当，也能成为难能可贵的优点。

★ 思考问题时，对问题的切入点很多，能多角度、多方面地思考。

★ 不容易钻牛角尖，懂得提出质疑，换位思考。

★ 想象力丰富，具有创新精神。

★ 发散型思维能让你充满表现力。

所以，不要为自己"跳脱"的性格感到苦恼，锻炼自己的逻辑思维能力，学会扬长避短，把自己的优点充分利用起来吧！

◆ 写文章时，先有一个总体的规划。如设立提纲，弄好框架，再充实内容。

◆ 思考问题或提出质疑时，把疑问写在记事本上再做解答。

◆ 说话时，认真倾听，准确掌握说话内容，不要仅凭自己的想法去理解对方的话。

你能把一件事情做完吗？

孔小星缺乏耐心和毅力，无论做什么事都三分钟热度，经常半途而废。

妈妈总是劝他：“你就不能好好地把一件事情完成吗？”

孔小星却不以为然。

这天，孔小星正在家做手工课的作业——完成一张小狗图案的剪纸。剪纸是一项非常考验耐心的任务，孔小星才做了一会儿，就坐不住了。

正巧这时，家里的电话铃响了，原来是韩里邀他一起去体育馆玩。

“可是我手工作业还没有完成呢。”孔小星有些犹豫。

“回头再做也不迟啊。放心吧，我们玩一会儿就回来。”韩里在电话里劝说道。

“那好吧！”虽然孔小星也很想把手工作业做完，但是，他更想出去玩！

丢下手里的作业，孔小星兴冲冲地出了门。

他和韩里玩得很开心，一直到天快黑了才回到家。这时，孔小星才想起来剪纸还没做完。

孔小星急忙开始做手工作业。不过，没有两个小时，是完不成作业的。孔小星为了完成任务，压缩时间，最后，剪出来的小狗变成了“四不像”……

第二天，老师向同学们“展示”了孔小星的“四不像”剪纸，逗得全班哄堂大笑。孔小星又羞又窘，在心里暗暗发誓：下次一定要完成作业了再出去玩！

提高你的耐心指数

- 平时多通过小事磨砺自己的性格，比如坚持晨跑、早睡早起等。
- 试一试让自己全身心地投入到一件事情中去，你会感到很愉快、很满足、很充实。
- 尽量让自己对要做的事情产生兴趣。
- 态度决定一切。每天都要告诉自己：尽最大的努力把每件事情都做好。

行动起来，别偷懒

孔小星正在认真地做作业。

孔小星："我去上厕所了！"

孔小星："我去上厕所了！"

孔小星："我去上厕所了！"

妈妈："一个上午你已经去了十几次厕所了！"

孔小星是个爱偷懒的男孩，但凡能偷懒的事，他绝不会"委屈"自己。他的"偷懒事迹"简直数不胜数。

下午放学回到家，孔小星准备做作业了。这次的作业是一张数学卷子，孔小星花了不到

一个小时的时间就写完了。

第二天，老师发下了批改后的卷子，孔小星发现自己被扣了许多冤枉分，明明答案正确的题目也被打了一个大红叉。原来，孔小星做卷子时，为了偷懒省事，直接写了答案，没有写答题过程，就连单位和答语也忽略了。

老师严厉地批评了孔小星，并且要求他把卷子重做一遍。孔小星欲哭无泪，这可不都是懒惰惹的祸吗？真是搬起石头砸自己的脚啊！

培养勤劳的好习惯

- 常做家务，经常整理自己的房间。
- 在最短的时间能把作业做到最好。
- 说过要做什么事，就立刻行动起来。
- 关掉电视和电脑，专心致志地做事。

做事效率最高的黄金时间：

8:00—11:00　17:00—18:00

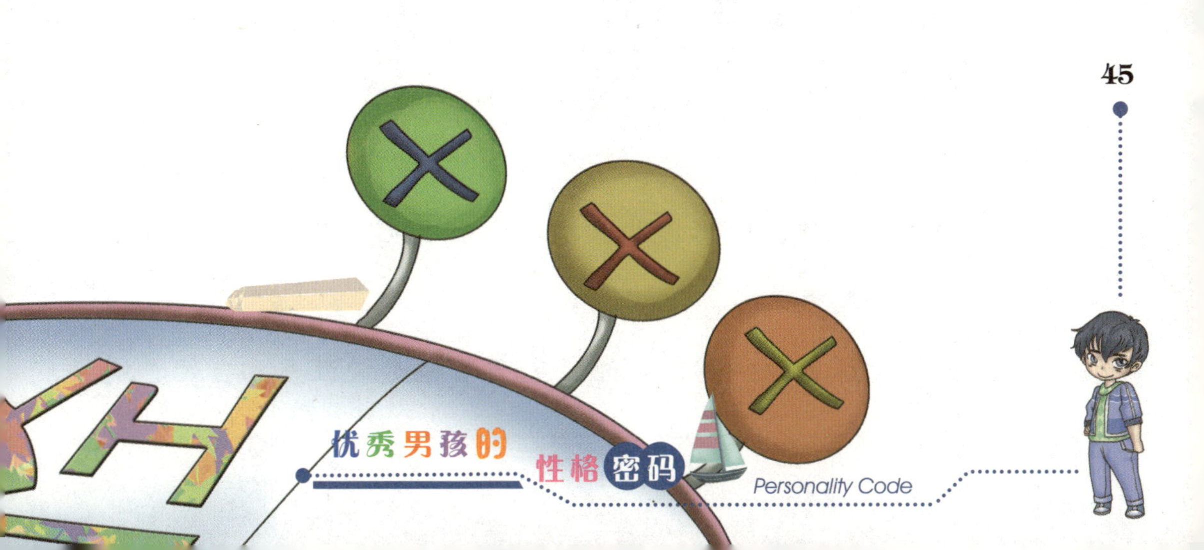

认真对待每一件事

今天轮到孔小星做值日，在上课之前，他必须做好三件事：把黑板擦干净，把讲台整理好，把家庭作业收好放在讲台上。可是，孔小星却没把做值日放在心上。他用最快的速度收好作业，胡乱地擦了几下黑板就回到座位上，和同桌聊起天来。

急促的上课铃声响起，班主任笑呵呵地走进教室。当她看到乱糟糟的讲台时，脸上的笑容瞬间消失了；再看到那一摞参差不齐的作业本时，眼神变得更加严厉了；最后，当她看到脏兮兮的黑板时，顿时火冒三丈……

不出意外，值日生孔小星被老师当众批评了一顿。

唉！如果孔小星做事能稍微认真一点儿，这样的情况就不会发生了。难道因为是小事，就可以马马虎虎地对待吗？俗话说"一屋不扫，何以扫天下"，连小事都做不好，做大事时怎么能让人信服呢？只有认真对待生活和学习中的点点滴滴，把每一件小事都做得漂亮、利落，面对大事时才能万无一失。

做什么都要认真

★认真对待梦想，一步一步实现它。

★认真对待每一道题，避免因粗心大意出现的小错误。

★认真履行自己的职责，用行动说服别人。

★认真和别人交流，听取别人的意见。

★认真地学习每一个知识点。

能言善辩的我

在一次班级辩论赛中，孔小星获得了“优秀辩手”的荣誉称号。从那以后，他就有点儿飘飘然了，自认为能言善辩，无人能及，无论遇到什么事，都忍不住“巧舌”评论两句。

这天，校园篮球决赛最后一场正打得火热。场上的运动员们绷紧了神经，看台上的观众们也为他们捏了一把汗。

这时，蓝队的一名球员在运球过程中一个不注意，被红队队员截走球。

观众席上的孔小星撇撇嘴说：“蓝队的7号太差劲了，这样都能被别人把球抢走。”

红队队员抢到了球，可是接连几个球都没投进。

孔小星又忍不住评论：“红队明明可以抢到篮板，这么好的机会就白白浪费了，真可惜！唉，看样子技术不咋样呀……”

一场球赛下来，孔小星时不时地评论几句，一会儿说红队投篮技术差，一会儿又说蓝队反应不灵活。

林墨看了孔小星一眼，不屑地说：“你这么厉害，不如上去打一场？”

孔小星哪里会打球呀，林墨的话明显是在告诉孔小星“你的话太多了”！

孔小星尴尬地低下头，不说话了。

“口才好”的男孩要注意的事

- 与其说一些没有意义的话，不如多做一些有意义的事情吧！
- 和朋友争吵时占了上风；聊天时只顾着自己侃侃而谈，不在乎别人的看法；和别人意见不一，总想争个输赢；讨论问题时总是要插上两句……这些并不是真正的能言善辩。
- 把自己“能说会道”的本领运用到合适的地方，比如演讲、朗诵、辩论赛等。

有一点儿健忘

1.经常忘记要带的东西，或经常不记得自己的东西放在哪儿。

2.经常忘记自己制订的计划。

3.常常忘记自己说过的话。

你是不是也常常遇到以上这些情况？也常常为自己的“健忘”感到苦恼？

唉！无论是在生活中，还是学习上，让人操心的事情实在太多了，一不小心就忘东忘西，把自己的生活搅得一团糟不说，还时常引起不必要的误会，能不苦恼么？

要知道，我们之所以小小年纪就患上“健忘症”，其中最主要的两个原因：一是做事没有耐心和计划，经常做完这件事就忘了那件事；二是说话做事不思考，不谨慎，养成了喜欢“随口说说”“随便做做”的坏习惯。

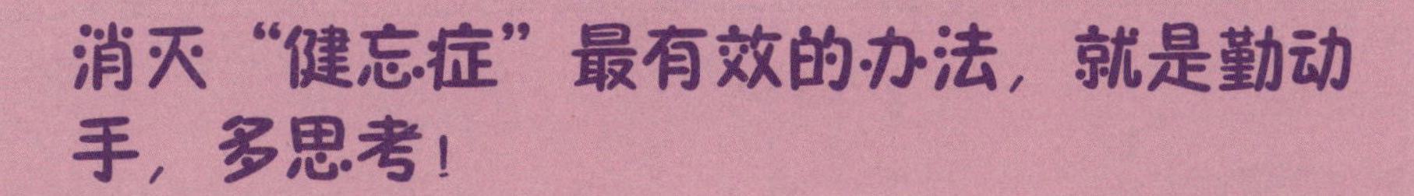

消灭“健忘症”最有效的办法，就是勤动手，多思考！

- 养成随时备忘的习惯。随身带着小本子，把要做的事情都记在上面。
- 学习上，给自己制订条理清楚、切实可行的计划，并让朋友或父母监督自己一一完成。
- 说话之前，先想清楚再说。答应别人的事情，多在脑袋里转几遍，等做到了再删除。
- 学习上，养成亲自计算、书写、思考的好习惯，不要依赖于电脑和参考书。

安静地倾听

这周，在校园知识竞赛中，刘子师带领的学习小组比赛失利，没能进入总决赛。作为小组长的刘子师很愧疚，觉得这次失误都是自己的错。

他向孔小星抱怨：“这都怪我，你知道的吧，要不是我……”

还没说完，孔小星立刻打断他，安慰道：“没那回事，你想多了！”

因为孔小星的这句话，刘子师叹了一口气，把剩下的话咽回了肚子里。

考试过后，韩里一直担心自己没发挥好，考得很糟糕，于是忍不住对孔小星说：“我这次一定考不好，最后一道题我根本没做，你知道吧……”

孔小星立刻说：“不会啊，成绩还没出来呢！你瞎担心什么？”

韩里即使再担心，听到孔小星的话，也一句话都说不出口了。

很多时候，当朋友找你倾诉时，他们只是想找一个人发泄自己的情绪而已。很多情况下，也许他们并不需要你搜肠刮肚地说出许多安慰的话，更不需要你站在自己的立场上，发表你的看法。这个时候，安静地坐在一旁，听他们诉说和吐露心声，或许才是最好的选择。

任何安慰的话，都比不上倾听！

- 轻轻拍拍他的肩膀。
- 时不时点点头，或者以“嗯”“然后呢”回应，表示你在认真听。
- 不要强行打断对方，强加上自己的建议，更不要以你的立场说出“我觉得”“我认为”的话。
- 倾听并不是一句话也不说，在对方停顿的间隙，请用温和的语言给予对方鼓励和安慰。
- 当对方期待你给出建议时，请尽量从对方的角度出发，真诚地说出你的想法。

第二章

考拉型男孩 温暖身边的每一个人

考拉型男孩的消极习惯

1."闷葫芦"

无论什么事都要藏在心里。向朋友们倾诉一下吧，不然会把自己憋坏的！

2.习惯性叹气

"唉……"你有像这样唉声叹气的习惯吗？如果有，就多做点儿开心的事，多看一些积极有趣的书，早日改掉这个坏习惯吧！

3.总是羡慕别人

不要一味地羡慕别人所拥有的，要知道，你也有许多让人羡慕的地方呢！

4.自卑

世界上没有人是完美的，有时候缺憾也是另一种美。为什么要为自己的缺憾感到自卑呢？将你的优点展示出来，你一定会让所有人都刮目相看！

5.呆板

是不是觉得自己没有幽默细胞呢？是不是经常有人对你说"你太无聊啦"呢？时刻保持乐观的心态，多多微笑，就不会有人说你"无聊"啦！

6.没有主见

"这件事你怎么看？""你有什么建议吗？"不要别人说什

么就是什么，也不要把自己的想法藏在心里。试着说一说自己的看法吧！

以上的习惯都实在太消极了，如果你有以上任意一种坏习惯，就赶紧改正过来吧！

任何一种性格都有好与不好的一面，只要我们换一种角度考虑问题，消极就能变成积极哟！

“老好人”的烦恼

韩里是班上出了名的“老好人”。同学们有事请他帮忙，无论多麻烦，韩里都是有求必应。按理说，韩里被贴上了“好人”标签，应该高兴才是，可是，他却感到很烦恼。

这天放学时，朵朵突然找到他，不好意思地说：“韩里，我今天有点儿事，你能不能帮我做值日呀？”

“这……”韩里有些犹豫，他已经和朋友约好去打球了，可是，又不知道该如何拒绝朵朵。

朵朵见韩里不说话，又接着说：“你放心，下次你值日时，我一定帮你！多谢啦！”说完，背着书包匆匆离开了，留下韩里苦着脸打扫教室。

类似的事情还有很多。可见，“老好人”也并不好当啊，当得不好，还可能会被人责怪，自己受委屈。再说，一个人的精力有限，如果什么事都大包大揽，那得多累啊！所以，该拒绝时就要果断拒绝！你要相信，即使不做“老好人”，也能赢得别人的尊重，也能收获真友谊。

做好人，不做“老好人”

★ 有原则和底线，不要对所有的请求都照单全收。

★ 该拒绝时就拒绝，不要为了“面子”或害怕得罪人，就勉强答应。

★ 拒绝的理由要委婉含蓄，切忌态度恶劣，不留余地。

如果自己做不到，就不要轻易答应别人的请求。如果对方确实需要帮助，而且也是你力所能及的事情，那么能帮则帮，且尽量做好。

腼腆的男孩

你是一个性格腼腆的男孩吗？

· 在人际交往方面很害羞。

· 喜欢独处，不喜欢参加群体活动。

· 总是沉浸在自己的世界里。

· 喜欢思考，但容易敏感多疑。

· 在社交方面很被动，显得很拘谨。

韩里是一个典型的腼腆男孩，性格内向，不爱说话。和朋友聊天时，总是坐在一旁认真倾听，很少发表自己的看法；当众发言时，会紧张得说不出话；有时候，妈妈带他去串门，韩里也表现得很沉闷；遇上不认识的人，说两句话也会脸红……

韩里的性格这么腼腆，会不会不太好呢？

其实，每个人的性格都不一样，有的人活泼大方，有的人沉稳内敛，无论哪种性格都有它的优缺点，只要取其长补其短，就都是好性格。

性格腼腆的人有什么缺点呢?

- 不太会说话，不善于交际。
- 不够开朗和自信，容易自卑。
- 不善于表达自己的情感和情绪，很容易产生抑郁的心理。
- 容易害羞，常常不敢在公共场合发言。

做一个温柔的男生

孔小星，你能帮我擦一下吗？
真麻烦！把黑板刷给我！
哼！不想帮就算了！
……
我又没说不帮，她怎么生气了？
你就不能温柔点儿吗？
温柔？你没搞错吧？我可是男生！

一提到“温柔的男生”，孔小星脑海里闪过的第一个念头就是“娘娘腔”，比如力气小啦，身体弱啦，不爱运动啦，说话小声啦，没男子气概啦……

哎……在女生眼中，“温柔”是一个褒义词，可怎么到了男生这里，就变成了一个贬义词呢？其实，是男生们对“温柔”的理解出现了偏差。你知道吗？温柔并不是女孩子的专利，无论是长胡子的大叔，还是体格健壮的青年，或者是乐观外向的少年，都可以做一个温柔的男生哟！比起那些凶巴巴的男生，性格温柔的男生更受欢迎哟！

温柔的男生具备什么优点呢？我们一起来看一看吧！

1.具备一颗宽容之心，不会为了一点儿小事发脾气。

2.无论是对亲朋好友，还是陌生人，都能随和相待。

3.对人对事都不拘小节，心胸宽阔。

4.做事从容冷静，面对再大的困难，也能泰然自若。

5.体贴、细心，做事情很周到。

6.有绅士风度，讲礼貌，遵守公共规则。比如上电梯靠右走，乘坐地铁时自觉排队等。

7.不讲粗话、脏话，不随便骂人、凶人，不打架斗殴。

8.乐于助人，关心弱小，体贴长辈。

对照上述条件，你达到“温柔”的标准了吗？

躲在角落里的我

每周五上午的最后一节课是班会课，这节课老师不上课，同学们可以自己组织活动，比如辩论赛啦，演讲啦，玩游戏啦……

这周五的班会课，同学们又想到了一个好点子——讲故事比赛。

同学们纷纷自告奋勇上台讲故事。坐在第一排角落里的韩里，时而看着讲台，似乎想上去讲故事；时而又垂下头，低声叹气。孔小星见状，不解地问他：“韩里，你不上去讲故事吗？”

韩里沮丧地说：“我怕讲得不好，同学们会笑话我。”

孔小星鼓励他：“做什么事都有第一次，你不试一试，怎么知道自己讲不好呢？”

韩里点点头，攥了攥拳头，深吸一口气，走上了讲台。

韩里讲了《三国

演义》中的一个故事——三英战吕布。刚开始韩里很紧张，说话时难免有些磕磕绊绊。可过了一会儿，韩里越说越顺畅，语调抑扬顿挫，加上故事情节非常精彩，同学们听得津津有味。

故事讲完后，大家都对韩里刮目相看。孔小星向他竖起大拇指，真心地夸赞道："以后可不要坐在角落里不出声啦！"

每个人都有自己的闪光点，如果总是躲在不起眼的角落，真正的珍珠也会蒙尘。大胆地站在众人面前，勇敢地表现自己，你会发现，你比自己想象中的要厉害很多呢。

★抓住机会，适当地表现自己。

★不要刻意把自己的优点藏起来，有闪光点就要发扬。

★大胆说出自己的想法。

★勇敢踏出第一步。

★对自己多一点儿自信。

什么都随便！

孔小星："韩里，你午餐想吃什么？"

韩里："随便。"

刘子师："韩里，你想坐哪里？"

韩里："随便。"

朵朵："韩里，大扫除你负责擦玻璃好吗？"

韩里："随便。"

韩里："随便，随便，随便……"

一个陌生的同学："我就是随便，你老是叫我干吗？"

从字面上来看，"随便"就是这样做可以，

那样做也可以，把主动权交给别人，表面上看起来是对别人的尊重。所以，常把“随便”挂在嘴边的人，一定是一个性情随和的人，在生活中总是扮演“老好人”的角色。

可是，“随便”说多了，也会给人留下没有主见的印象哟！

比如，讨论问题时总说“随便”，会让所有人觉得你不积极、没想法，这样的次数多了，大家就会自动忽略你的存在。失去了存在感，再也没有人询问你的意见和想法，变成了朋友圈里的隐形人，这将多么可怕啊！

性格处方——给“随便”找个替身

◆ 如果有人问你“想吃什么”，最好直接给出建议，或者回答“你对这里比较熟，听你的准没错”，或者“我不挑食，什么都爱吃”。

◆ 如果有自己的看法，却不方便说出来时，可以说：“我觉得你的这个想法很不错，要是再加上xxx会不会更好呢……”

◆ 无论面临什么样的选择，最好都稍作分析，或经过深思熟虑后，再委婉地提出自己的看法。

不做“墙头草”

孔小星：“你觉得我说的对吗？”

韩里：“嗯，你说的很对！”

刘子师：“你觉得我说的对吗？”

韩里：“你说的也很对！”

刘子师和孔小星：“到底我们谁说的对？”

韩里：“我认为你们说的都对！”

刘子师、孔小星“晕倒”……

韩里是班上出了名的“墙头草”，无论大家商量什么事，无论是谁征求他的意见，他都会说“可以呀”“我觉得都很好呀”“我怎么样都可以”。他以为这样就能谁也不得罪，谁都把他当好朋友。可是，事情却没有他想象中的那般美好，自从他被扣上了“墙头草”的“帽子”，大家遇到什么问题，有任何事情，都懒得找他商量了，因为不用问也知道他的答案啦！

作为一棵 “墙头草”，总是保持最随和、最柔软的姿态，从不和别人争论任何问题，看似好像和每一个人都站在一边，其实是站在了所有人的对立面。因为，没有人会喜欢和一个给不出任何建议和意见的人讨论问题，也没有人会乐意和一个思想上摇摇摆摆的人相处，甚至成为朋友；所以，变成了“墙头草”的男孩，一定非常孤独吧！

我不再做“墙头草”

- 学会独立思考问题，面临选择时遵循自己的内心。
- 学会说“我不同意”。大胆说出自己的观点，你可以和别人的想法不一样。
- 学会拒绝。明明不想答应的要求，不要勉强自己答应。
- 做事果断干脆，不要犹豫。比如，想买某样东西，决定后就马上买下来。
- 对别人的建议选择性地接受，不要盲从。

窗外的事与我无关

假如你遇到下面的情况，你会怎么做？

1. 一天，你正在家里看书，看见外面有小伙伴在放风筝。

2. 你做功课的时候，妈妈在客厅与客人谈话。

3. 晚上你在写作业，爸爸妈妈在客厅看你喜欢的电视节目。

4. 写作业时，妈妈送来一盘香甜的水果。

1. 孔小星：“我看书时，不能听到一点儿声音。如果看到窗外有人在放风筝，我一定会忍不住跑出去和他们一起玩。”

7.韩里："做什么事，都要专心致志，无论窗外发生什么事，都与我无关！做作业时，边写边玩，或者一边写一边吃东西，不仅作业写不好，还延长了做作业的时间。再说，这样玩也玩得不痛快。"

我们在学习中，经常会遇到一些干扰，我们不能因为自己要学习，就要求别人不能玩、不能说话、不能看电视。这种情况下，我们要做的不是埋怨别人、限制别人的自由，而应该严格要求自己，管住自己，做到专心致志地学习，这样才能把知识学扎实，取得更好的学习效果。

名人小故事

毛泽东在上学时，经常跑到喧闹的菜市场，在吆喝声、叫卖声不绝于耳的环境中读书。时间久了，他的意志力和注意力都得到了很大的提高。此后，无论身处在什么样的环境中，他都能做到专心读书。

走捷径，还是一步一个脚印走呢？

周末的午后，韩里在花园里捡到了一个蝶茧。韩里举到眼前仔细一看，蝶茧裂开了一条缝隙，一节小小的蝴蝶翅膀从里面伸出来，似乎要挣脱这厚厚的茧。

韩里将蝶茧放在地上，饶有兴趣地等着它破茧成蝶。可是，过了十几分钟，蝴蝶还没有挣开茧。

“它可真可怜，我应该帮帮它。”

韩里从房间里拿出一把剪刀，小心翼翼地剪开蝴蝶的茧，一只翅膀短小的蝴蝶从茧里钻了出来。可是，韩里还没来得及开心，柔弱的幼蝶在阳光下扑腾了几下，没过一会儿，就不动了。

罗马不是一天建成的。

这时，爷爷走过来，摸摸他的头，告诉他：蝴蝶只有经过一次次疼痛的挣扎，才能让翅膀充满飞翔的力量。如果帮它剪开茧，就会让蝴蝶失去生存的力量。

韩里有些难过，也有些愧疚，看来自己给蝴蝶帮了倒忙。

我们的成长就是一次破茧成蝶的过程。很多人都希望成功的路上有捷径可走，希望可以避开各种困难和挫折。可是，很多事情只有经历过困难和挫折，一步一个脚印，为前进之路筑起坚实的基础，才能获得成功。

成功讲堂

- 蜗牛背着重重的壳，缓慢行走的速度并不会阻碍它走到终点。
- 水滴的力量微弱，但日复一日，年复一年，也能滴穿岩石。
- 细小的沙子并不起眼，但制成砖瓦，层层垒叠，就能建起高耸入云的大厦。

选择恐惧症

孔小星，不好了，我患上“选择恐惧症”了，不知道选哪个，好纠结啊！
好办！当你遇到犹豫不决的事情时，就投硬币决定！
那我应该用一元的硬币，还是五角的硬币呢？

生活中，我们一定会遇到各种各样的选择：

去打球还是去学习？

吃红烧肉还是吃排骨？

两件款式相似的衣服，该选哪一件？

……

如果你总是因为某一件事，陷入两难的境地，那么“恭喜”你，你患上了“选择恐惧症”！

我们常常会陷入选择的“僵局”。比如做选择题时，A和B选项看起来都像正确答案，也都有不可取之处，到底该选哪一个呢？真是纠结啊！这时候，我们往往害怕做出选择，生怕选到错误答案，或做出让自己后悔的决定。

那么，我们应该如何打破这种僵局，在两难的选择中做出合理的决定呢？

★ 选择前多思考：为什么要做这样的选择？罗列出选项的好与坏，进行对比。

★ 问一问自己：还有没有第三种（更好的）选择？

★ 自信、从容地做出选择，不要害怕承担选择的后果。

★ 发现自己做错了选择，也不要过度自责，找出原因，总结经验，争取下次不再犯同样的错误。

你能让别人相信吗？

教室里正在进行随堂测试，气氛安静而严肃。韩里做完试卷之后，突然有人从后面踢了他一脚。韩里小心翼翼地转过头，孔小星对他张张嘴，似乎在说：大哥，帮帮俺，最后一题怎么做？

韩里看了他一眼，内心进行着激烈的思想斗争：孔小星人这么好，我应该帮帮他！可是，我现在帮他，就等于是害了他！

于是，韩里悄声拒绝："不行，你自己做。"

韩里刚回过头来，看见了老师愤怒的眼神扫过来。顿时，韩里的心七上八下：糟了，老师一定以为我在作弊，怎么办？老师会不会取消我的考试资格？不行，我一定要向老师解释清楚！

交卷后，韩里忐忑不安地来到办公室。

"你来干什么？"老师问。

"我……老师，我……我没有作

弊！”韩里解释。

韩里以为老师会很生气，没想到，老师笑了笑说：“我知道你并没有作弊，你拒绝了孔小星，不是吗？这样做是对的，你应该相信自己，也应该相信老师……”

听到老师真诚的话，韩里心里的石头落了地：被人信任的感觉真好！

获得别人信任的八大原则

★用真心结交朋友。
★相信别人是获得别人相信的前提。
★不要在背后议论别人的是非。
★养成跟别人分享的习惯。
★在别人需要帮助时伸出援手。
★不要吝啬你的鼓励和肯定。
★遵守承诺。
★拒绝谎言和欺骗。

坚持自己的原则

周末的晚上，韩里和妈妈在外面散步。经过马路时，对面亮起了“行人止步”的红灯。

韩里左看看右看看，发现马路上一辆车也没有。即使有车过来，几百米开外就能看见。于是，他毫不犹豫地走向了马路。

“站住！”突然，身后的妈妈叫住他，“现在是红灯，还不能走。要等绿灯亮了才能走。”

韩里不情愿地回过头来，喃喃道：“我看现在没有车……”

妈妈突然一脸严肃地说：“交通规则就是原则，而不是看有没有车。在任何情况下，都要遵守原则。”

从那一刻起，韩里一直记得妈妈的话，再也没闯过红灯。

生活中处处存在着原则，比如上车排队，不随地丢垃圾、吐痰，不说谎话，考试不作弊……

可是，许多人为了方便省事，获得优先机会，或者为了一点蝇头小利，往往会违背这些原则。结果呢？给别人制造了麻烦，也给自己带来了麻烦。

每个人都应该坚持自己的原则，遵守社会的原则，这不仅仅是对别人的尊重，更是对自己的尊重。

关于原则的名言

★ 富贵不能淫，贫贱不能移，威武不能屈，此之谓大丈夫。——孟子

★ 一个没有原则和没有意志的人就像一艘没有舵和罗盘的船一般，他会随着风的变化而随时改变自己的方向。——［英］塞缪尔·斯迈尔斯

★ 不做什么决定的意志不是现实的意志，无性格的人从来不做出决定。——［德］黑格尔

★ 如果没有原则的考验，一个人简直不知道自己是不是正直。——英国谚语

你有自己的原则吗？请写一写你的原则。

别人的意见

早上，孔小星穿着新买的衣服来到教室。刘子师看了他一两眼，摇摇头说："这件衣服适合年纪更大一点儿的人穿，不适合你。"

"我觉得不错！"孔小星不以为然，没把刘子师的话放在心上。

可是，没过一会儿，又有几个同学对孔小星说，他的新衣服款式很成熟，甚至有点儿老土，不适合学生穿。

"看样子刘子师说得没错，以后可以问问他的意见。"孔小星心想。

第二天，孔小星又穿上了一双新球鞋。他主动找到刘子师，问："你觉得我这双鞋怎么样？"

刘子师想了想，点点

头说：“我觉得不错，很时尚，很适合你穿！”

孔小星相信了刘子师的话，也认为这双鞋不错，心里很开心。可是，没过一会儿，又有几个人说：“孔小星，你这双鞋太幼稚了。你看看，旁边还有卡通图案呢！哈哈。”

孔小星顿时傻了眼，到底应该相信谁说的话呢？

无论是在学习上，还是生活中，大大小小的事情，我们总能听到别人的建议。认真听取别人的意见是好事，可是每个人都有不同的看法，我们到底应该听谁的呢？又怎么去分辨意见的好坏呢？

正确听取别人意见的方式

- 对于别人的意见，可以全“听”，但是不能全“取”。
- 兼听则明，偏信则暗。广泛地听取多人的建议，不要只偏听一个人的建议。
- 要有主见，不能盲目地听从别人的建议，最终决定权在自己手上。
- 根据自己的实际情况，整合别人的意见，综合利弊，不要被别人的建议牵着鼻子走。

不要轻易地妥协

我们常常遇到这样的事，你想去做一件自己喜欢的事时，总是有人会在旁边泼冷水，说这样做不好，那样做也不好；明明不喜欢这件事，偏偏有人在一旁说“这是最好的”。你力量微小，最后只好选择放弃或妥协。

比如韩里想报名参加作文比赛，可是，有几个同学却说出了这样的话：

“你的作文写得并不是很好……”

“不要白费力气了。”

“一定有很多文笔好的人参加比赛，我觉得你获奖的机会很小。”

……

听到这些话，韩里有些

犹豫了：难道自己真的不行吗？还是放弃吧，不要报名了。

如果你遇到这样的情况，你会怎么办呢？是听大家的话，选择妥协，还是不去理会大家的反对，坚持报名呢？

如果韩里选择妥协：

韩里没有获得成功。因为别人的几句话，他就轻易放弃了一次获得成功的机会。比赛结果出来后，韩里很后悔当初没有坚持下去。

如果韩里坚持报名：

他会尽自己最大的努力准备比赛。他平常喜欢看书，这一定会为他的作文加分。所以，他获得成功的机会很大呢！

成功小讲堂

不要因为一点点阻碍就选择放弃，也不要因为别人的话就妥协。凡是对的事情，只要你想，就去做；只要你做，就坚持；只要坚持，就一定能有收获。

面对危险时……

今天轮到韩里和朵朵做值日。由于今天值日的任务比较多，等他俩搞完卫生，太阳已经落山了，天很快就黑了。

两人肩并肩走出学校，经过一条黑暗的小巷子时，朵朵突然抓紧韩里的衣服，声音有些发颤："我发现后面有个奇怪的大叔一直在跟着我们……"

韩里很害怕，他的心怦怦直跳，仿佛要跳出胸口了。但是，朵朵更害怕，因为她都快吓哭了。

"不要怕，不要怕，快想想该怎么办！"韩里快速思考着。

很快，他就冷静下来，低声对朵朵说："我们走快

一点儿，往人多的地方走。不要向后看！”

说完，他拉着朵朵，装作什么都不知道的样子，快步走到前面的大街上。

这时，前方走来一位穿着警察制服的叔叔，韩里赶紧拉着朵朵跑过去，对他说：“警察叔叔，有人跟踪我们！帮帮我们！”

最后，在警察的帮助下，朵朵和韩里安全地回到了家。

考拉型男孩似乎总是扮演着默默无闻的角色。可是，当遇到危险时，考拉型男孩会表现出超乎常人的冷静。即使面临再大的困难，也能泰然自若，从容面对。当我们感到害怕时，就学一学考拉型男孩吧！

做一个决定试试

韩里的房间需要重新装修，妈妈说："不如你亲自设计房间的风格吧！"

韩里一听，立刻摆手："不行不行，我不会设计，一定做不好！"

"就按照你自己喜欢的风格设计！"妈妈鼓励道，"你不试一试，怎么知道自己设计不好呢？不要犹豫了，就这样决定吧！"

于是，韩里在妈妈的"强迫"下，开始设计自己的房间。

首先，韩里在网上查找如何设计房间，然后按照网上的教程，把设计房间需要的东西、设计方法等按步骤写在笔记本上。比如选择多大尺寸的书桌，书桌应该摆放在什么位置，选择什么颜色的窗帘，需要几层的书架摆放书籍，床应该怎么摆放……而且，每一件事都由韩里亲自做决定。

慢慢地，韩里完成了一个简单的房间设计方案。

没过多久，妈妈就按照韩里设计的方案将他的房间装修好了。

韩里看着自己亲手设计的焕然一新的房间，满足感油然而生。更值得高兴的是，在设计房间的过程中，韩里的“选择恐惧症”，没主见的毛病，不敢做决定的习惯，统统“治好”了。

这感觉还真不错嘛！

小练习：学会自己做决定

假如你要去原始森林里探险，为了避免陷入绝境，你得有所准备。但是以下15种东西中，你只能选择10种。请你做出决定，并写出你的理由。

1.巧克力	2.铅笔	3.糖果
4.指南针	5.火柴	6.打火机
7.干净的纱布	8.笔记本	9.短蜡烛
10.小刀	11.盐	12.绳子
13.口哨	14.小铲子	15.肥皂

你的选择和理由是：

爆发吧，想象力！

“你看，那儿有一朵蘑菇。”

韩里：“不，那是一棵树！”

“你看，天上有一匹白马。”

韩里：“不，那是一朵白云而已。”

“你看，我的文具盒里住满了动物。”

韩里：“不，那只是一些橡皮而已。”

和韩里聊过天的人，总是会忍不住抱怨：“韩里，你能不能有点儿想象力啊？”

哎，和韩里说话可真无聊。没有想象力，真可怕。

法国一位名叫狄德罗的哲学家曾说过：“想象，这是种特质。没有它，一个人既不能成为诗人，也不能成为哲学家、有机智的人、有理性的生物，也就不能称其为人。”

可见，拥有丰富的想象力，对一个人来说，尤其是对一个有思想的人来说，多么重要啊！如果没有想象力，生活一定会失去很多乐趣。

如果你不想变成一个无聊的人，趁现在，赶紧培养自己的想象力吧！

- 多看一些想象力丰富的书籍，比如童话、神话、科学幻想类书籍等。
- 大胆表达自己的想象。
- 培养自己发现问题、提出问题的能力。
- 多参加充满创造性和想象力的活动，比如“科技展览”“手工作品大赛”等。
- 对想象力的培养，模仿是第一步。

第二章

老虎型男孩
做一个有志气的人

真正的冒险精神

前些日子，刘子师看了一档名叫《荒野求生》的电视节目，讲述了主人公一个人在荒无人烟的丛林里冒险的故事。刘子师非常激动，心想自己也一定要去冒险。

这天放学前，老师千叮咛万嘱咐，放学后千万不要在路上逗留，一定要直接回家。可是，刘子师好像把老师的话当成了耳边风。放学后，他背着书包，来到了公园深处的小树林里……

天渐渐地黑了，刘子师蹲在灌木丛边，从书包里掏出了打火机、蜡烛、小刀、指南针……

突然，不远处传来了渐行渐近的脚步声。紧接着，刘子师听到了妈妈又急又恼的吼声：“刘子师！你怎么跑到这里来了?!”

原来，妈妈在家等了很久，也没见刘子师回家，于是着急地打电话给班主任，大家这才发现刘子师不见了，纷纷找他呢！

刘子师的第一次“冒险之旅”在老师的批评和妈妈的责骂中结束了。男孩敢于冒险，不是应该被鼓励吗？为什么刘子师这样做反而会被责备呢？这是因为刘子师的行为并不是真正的冒险，它违背了真正的冒险精神。

冒险不是打架、逞强、做一些危险的事情，更不能单纯地理解为去做一些别人不敢做的事情。真正的冒险精神，是拥有探索世界的勇气；是拥有勇往直前的胆量；是一种不服输、追求到底的精神。

调皮不等于勇敢

“你敢吗？”

“我当然敢了。”

“有本事你先来。”

“你怎么不先来呢？”

这是孔小星和刘子师的对话，他们在干吗呢？原来，两人都觉得自己的胆子是最大的。于是两人打赌，谁能翻过学校的围墙，就能证明谁更勇敢。

只是，还没说好谁先翻，两人的“赌局”就被匆匆赶来的保安叔叔给阻止了。

最后，两个人免不了被班主任批评教育了一顿。

俄国著名的大作家列夫·托尔斯泰就曾说过：“出于虚荣心、好奇心，或者贪心去冒生命危险的人，不是勇敢的人。”

违反学校规定就是勇敢吗？当然不是了，这只能说明两人很调皮！

证明自己勇敢的方式有很多种，并非一定要去做一些违反规定或冒险的事。比如，面对困难无所畏惧、面对挑战迎难而上、勇敢承认自己的错误、向更高的目标冲刺……把勇敢的力量用在对的地方，才能做一个真正勇敢的人。

关于勇敢的名言：

★ 在大胆的行为面前，议论和争辩显得如何地贫乏可怜。——［美］惠特曼

★ 勇敢者是到处有路可走的。——［俄］陀思妥耶夫斯基

★ 你若失去了财产——你只失去了一点儿。你若失去了荣誉——你就丢掉了许多。你若失去了勇敢——你就把一切都失掉了！——［德］歌德

★ 正义的路是崎岖的路，它只欢迎勇敢的人。——郭沫若

★ 伟大的胸怀，应该表现出这样的气概：用笑脸来迎接悲惨的厄运，用百倍的勇气来应付一切的不幸。——鲁迅

将好奇心·变成行动

刘子师的好奇心太强。即使在黑板上画一个简单的圆圈，他也能联想到：这不仅仅是一个圆，它可能是数字零，也可能是一个碟子，一个简单的表盘，一轮圆月，或者是一个从上往下看的蛋糕……

刘子师感到很好奇，为什么生活中常见的蛋糕大部分都是圆形的呢？放学后，他匆匆赶回家，打开电脑，搜索蛋糕的发展历史、制作方法……花了两个多小时，刘子师终于弄明白了。原来，制作蛋糕时，需要用到一种旋转的工具，方便为蛋糕涂上奶油。圆形的蛋糕能够使奶油涂得更均匀，而且节省了时间。另外，圆形的寓意很好，代表着圆满、团圆等。

最后，刘子师还尝试着用最简单的方法做了一个蛋糕。

如果你对某种事物感到好奇时，会行动起来，亲自解开疑惑吗？

生活中任何事物都值得我们去想象，去探索。你会将你的好奇心变成行动吗？

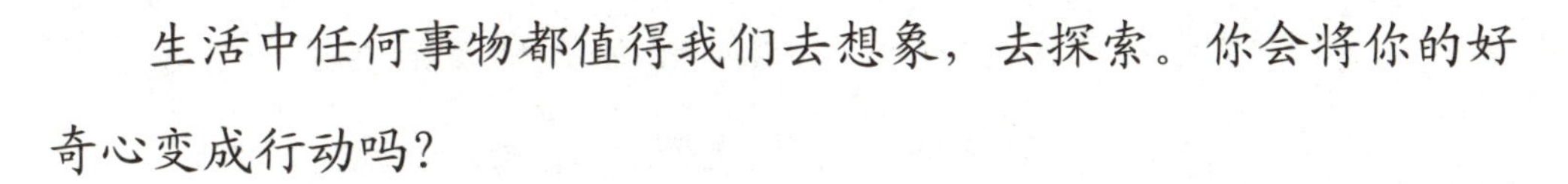

约翰·曼森·布朗曾说过：“感谢上帝没有让我的好奇心硬化，好奇心让我渴望知道大大小小的事情，这样的好奇心有如钟表的发条，发电机、喷射机的推进器，它给了我全新的生命。”

好奇心是创造的源泉。当好奇心开始萌芽，不要犹豫了，赶紧行动起来吧！

别掉进好奇心的陷阱

生活中也存在很多不良的诱惑，是我们不应该涉入的。我们一定要学会分辨好坏对错，不要掉进好奇心的陷阱里哟。

你的动手能力怎么样？

周末，刘子师在家无聊地看着电视，正巧看到动画片《海贼王》。一艘巨大的海盗船缓缓行驶在蔚蓝的海面上，高高的船帆上插着一面印着骷髅头的海盗旗，随着海风飘扬……

“真想拥有一面海盗旗呀！能不能自己动手做呢？”

想到这儿，刘子师立刻从沙发上蹦了起来，开始行动了！

动手制作一面海盗旗所需要的材料

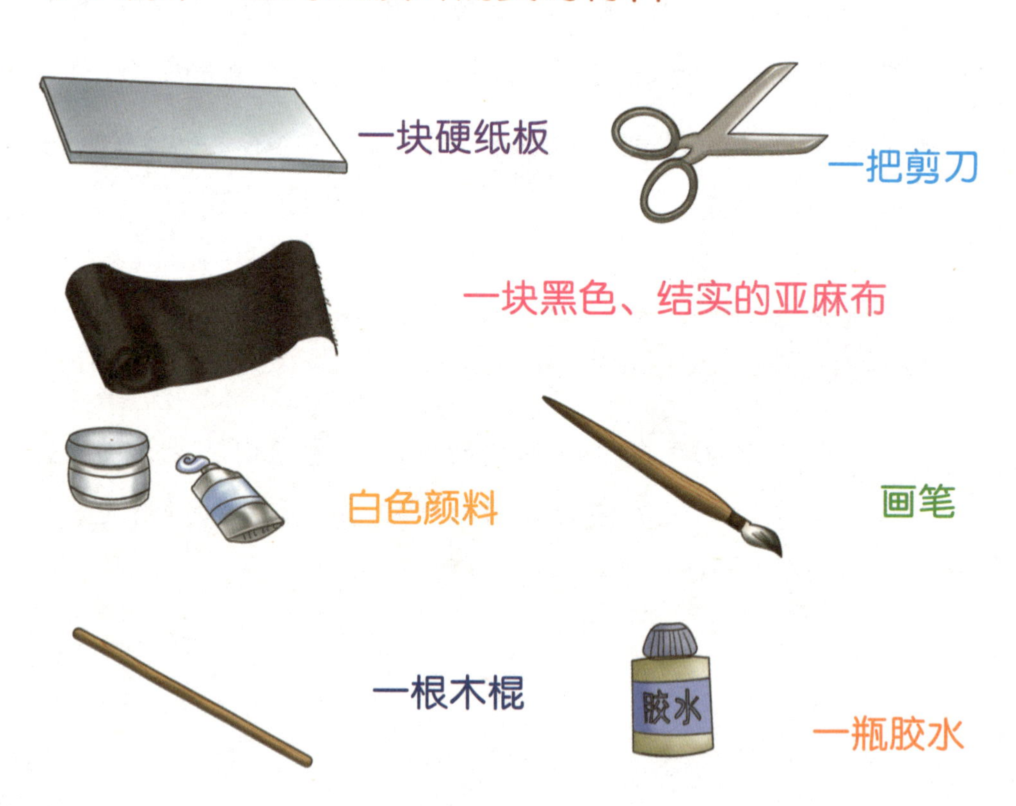

制作步骤

1. 从下面的图案中选择你喜欢的图案，在硬纸板上描绘出图案的轮廓。

2. 把画好的图案从纸板上剪下来，做成模板，同时用白色颜料上色。

3. 将模板印到亚麻布上。

4. 用木棍将亚麻布的一侧卷起，用胶水粘住。

5. 好了，一面简易的海盗旗就做好了。升旗！

你有想亲手做的东西吗？比如一个模型、一枚骑士徽章，或者用塑料瓶和纸板做成的火箭筒……不要犹豫啦，赶紧动手吧！

超敏锐的观察力

中午，刘子师正在看书。旁边的孔小星不知道在忙些什么，一会儿在书桌里翻来翻去，一会儿又打开书包，还时不时地嘀咕两句：“咦？明明记得放在这儿呀？”

刘子师抬起头，不解地问：“你在找什么？”

孔小星头也没抬，继续在书桌里翻找：“我的面包不见啦。早上还看见了呢。”

刘子师看着被孔小星翻得乱七八糟的书桌，又看了看孔小星，突然哈哈大笑起来。

“你笑什么？”孔小星感到有些莫名其妙。

“我知道你的面包去哪儿了，哈哈哈。”刘子师捂着肚子，笑得眼泪都出来了。

“啊？”孔小星瞪大眼睛，更不明白了。

刘子师指着他的桌子说：“你仔细看，书桌里落了很多金黄色的面包屑，不细看根本不会被

发现。你再摸一下自己的左脸，上面还沾了一粒碎屑。可见，你的面包根本不是消失了，而是被你自己吃掉了！结果你忘了这回事。哈哈。”

孔小星这才想起来，面包真的被自己吃掉了。他脸一红，讪讪地说：“嘿嘿，我一时给忘记了。”

不过，孔小星也很佩服刘子师，连他自己都忘了的事，刘子师居然通过观察就能“找出真相”，他是怎么做到的呢？

日常生活中观察力的培养

· 手机里的记忆游戏。比如连连看、找不同等，考验和锻炼眼力与记忆力。

（每次不要超过一个小时哟！）

· 小小侦探。解读你观察到的现象，比如一个经常使用计算机的人，他的右手手掌下方会有厚茧；一个经常吸烟的人，食指和中指之间会有黄色的厚茧……这样的观察是不是很有趣呢？

· 大胆观察细节，时刻关注事态的发展。留心观察身边的小事，从中发现一些不易察觉的端倪，在问题出现之前就去解决。

关键时刻你能做主吗？

讨论上升到白热化的阶段，眼看着要变成“没有硝烟的战场”，刘子师一锤定音：“不要争了，都听我的！就这么办……”

班主任不在，班里出了事，同学们急得团团转，刘子师一拍桌子：“大家别急，坐下来，我们一起想法子！”

事情进行到关键时刻，突然出了岔子，刘子师泰然自若：“不能慌，一定有更好的解决办法。”

韩里很佩服刘子师，当遇到问题时，大家都急得像热锅上的蚂蚁，不知道该怎么办，刘子师却总能最先反应过来，做出决定。所以，大家都觉得刘子师是一个值得信赖的人。

可是，关键时刻能做决定，成为一个有决断力的人，并不是一件容易的事。你得具备敏捷的应变能力，在事情发生时能做出正确的判断，而且你还要有承担决策后果的勇气……

如何拥有决断力

● **先为小事做决定吧！**

不要一开始就决断太过重大的事情，这样很容易决断失误，而一旦失误就会打击自己的信心。

● **自信大胆地说出你的决定。**

做决定时一定要底气十足哟！如果你自己都没有信心，其他人又如何相信你，如何去执行你的决定呢？

● **对意外有准备。**

仓促之下做出的决定，有时候难免遭遇意外。即使决策失误了，也不要气馁啊，就当作积累宝贵经验吧！

● **即使时间紧迫，还是要思考啊！**

“时间不够了，随便做个决定吧！”这种想法千万要不得。决断之前，先保持冷静，给自己一分钟思考时间吧！

如果你做到这些，就能成为一个拥有决断力的人。

男孩不是不流泪的超人

班会课上，班主任给大家放了一部电影，名叫《忠犬八公》，讲述了一只狗对主人不离不弃的故事，很多女生都感动得哭了。

孔小星看得入迷，突然听到旁边响起奇怪的声音，侧头一看，原来，平常大胆自信的刘子师居然正在偷偷地抹眼泪呢。孔小星忍不住嘲笑他："你的眼泪是豆子做的吗？说掉就掉，哈哈。"

在孔小星眼中，只有女孩子才会哭。俗话说"男儿有泪不轻弹""男儿流血不流泪"。但是，男孩并不是不流泪的超人，感动的眼泪、亲人离开时悲伤的眼泪、获得成功时欣喜的眼泪……当各种情绪交织在一起，眼泪会不由自主地流下来。流泪，说明你是一个内心善良的男孩。情到深处，有感而发，怎么会丢脸呢?

当你实在无法控制自己的情绪时，想哭就哭吧。

当然啦，男孩还应该注意

1.不要轻易就哭。因为一点儿委屈或困难就哭泣，那是懦弱的表现。

2.不要因为自己的无理要求向爸妈哭闹，更不要试图用掉眼泪来逃避责任。

3.要知道，哭是不能解决问题的。收起眼泪，去寻找解决办法吧!

4.男孩更应该学会隐忍和坚强。

5.当眼圈快要红的时候，你一定要想想，除了哭之外，还有没有更积极的表达情绪的方式。

好胜心太强好不好？

刘子师聪明好学，经常受到老师的表扬。但是，他的性格太要强，什么事都想做到最好。比如，上课时老师表扬了别人，没表扬他，他一定要争个表扬回来；参加集体活动，他总要冲在最前面，如果有人超过了他，他一定会不开心；无论做什么事，讨论什么问题，他都要和别人争个高低……

刘子师有一种不服输的进取精神，对自己要求很高，喜欢竞争和挑战，力求超越自己，超越他人。这样来看，有好胜心并不是一件坏事。

但是，好胜心是一把双刃剑。好胜心太强，容易让人变得自大，缺乏包容心，争强好胜，甚至助长虚荣、嫉妒等不良心理。

能不能把好胜心变成成功的助力，关键在于对自己性格的调整。只有深刻地认识自己，摆正心态，正确对待并利用好好胜心理，才能让好胜心成为前进的助力。

把握好胜心的度

· 正确看待输赢

人生不是一帆风顺的，总会遭遇挫折和失败，即使失败了也不会一无所获。用积极的心态对待暂时的挫折，从挫折中总结经验，增长才干，才能不断地进步。

· 正确处理自己与他人的关系

不要拿自己的短处和别人的长处相比较，也不要拿别人的短处与自己的长处比较。每个人都有自己的优缺点，学会尊重和理解这种“差异”，学习别人的长处和优点，找到自身的优势所在。要知道，竞争的目的是让大家互相学习，共同进步。

为小小的成功喝彩

放学回家的路上，刘子师抬头挺胸，脚步轻快，嘴里还不停地哼着歌。

“子师，你遇上什么事了，这么高兴？”韩里随口问道。

刘子师一脸兴奋地说：“今天，我的单词默写全对了。”

“不就是默写全对了吗？这么大点儿事，至于这么开心吗？我每次默写也都是全对呢，也没像你这样高兴啊！”韩里实在想不通，在心里默默地嘀咕着。

小小的成功当然不值得骄傲，却值得为它喝彩。可不要小瞧了小小的成功，虽然它不能给我们带来很大的荣誉，但确是我们成长道路上不可或缺的精神食粮。

一步一步能行千里，小溪小河能汇集成海洋，成功也是一点一点小成绩的累积。背诵了一首诗，作业拿了优秀，解开一道数学难题，记住了十个单词……为自己取得的每一点小成绩喝彩，为每一次的小进步感到高兴，鼓励自己更加努力，争取获得更大的成功。每天都能看到越来越棒的自己，我们也会变得更加自信！

为了清楚地了解自己取得了哪些进步，不如将获得的小成功记在笔记本上。当你的小成功积累到一定的数量时，就给自己一个奖励吧！

不要找借口

课外活动时间，班主任安排同学们进行大扫除，刘子师和孔小星负责倒垃圾。两人抬着垃圾篓，一边大摇大摆地走着，一边互相打闹，垃圾篓被晃得“吱扭”作响。

“动作轻点儿，别把垃圾篓甩坏了。”刘子师赶紧说。

孔小星看了他一眼，不在意地说：“哪有那么容易坏……”

话没说完，只见垃圾篓的提手处突然断开。失去控制的垃圾篓像个车轱辘，一路滚到了一楼才停下来。

刘子师和孔小星望着撒满楼梯间的垃圾，顿时目瞪口呆。

正巧这时，班主任过来了，看到眼前的景象，皱起眉头：“怎么回事？”

孔小星眼珠子一转，正想找个借口搪

塞过去，还没开口，就被旁边的刘子师抢先了。

“老师，都是我们不对，我们打闹时，不小心把垃圾篓给打翻了……”

班主任眉头皱得更紧，教训了两人几句，并让他们把楼梯间重新打扫一遍。

等班主任走后，孔小星立刻对着刘子师抱怨道：“你干吗跟老师说实话，他肯定以为咱们俩多调皮呢。”

可是，刘子师却说：“错了就是错了，哪有那么多借口。”

成功小讲堂

不要用“苦”作借口，阻挡了你去追求梦想的脚步；不要用“懒”作借口，放弃自己的坚持；不要用“谎言”作借口，掩盖自己犯过的错……我们要远离借口这个“伪君子”。

我们在做错事情、想放弃，或是失败时，总是习惯性地给自己找各种各样的借口，把所有的责任撇得一干二净。借口找多了，我们一遇到事，就会抱怨这、抱怨那，却不肯从自己身上找原因，看不到自己的不足。长此以往，我们岂不是会变成爱抱怨、缺点超级多的男生？更何况，一个连小事都不愿承担责任的男生，又如何成长为能够承担大事的男子汉呢？

如何对待失败

刘子师的双胞胎弟弟刘小帅自诩为“象棋大师”，因为他总说自己的棋艺尽得他爸爸的“真传”，而且“青出于蓝而胜于蓝”。这次，学校举办第三届青少年象棋大赛，刘小帅报名参加，并在同学们面前夸下海口：“一定会拿第一名。”

可是，在最后一轮决赛中，刘小帅竟然输给了比自己低一届的小学弟。这对刘小帅来说，无疑是沉重的打击。

比赛已经结束好几天了，刘小帅依然无法从失败的阴影里走

出来。

这次失败后，刘小帅再也没碰过象棋。每次同学们在下象棋时，都会叫刘小帅来一局。可刘小帅死活不答应，还说自己对象棋没兴趣了。

刘子师劝他不要灰心，可是，刘小帅却一脸丧气地说：“即使我下得再好，也拿不了第一。”

刘小帅因为一次失败，就放弃了自己喜爱的象棋，你觉得他这样做对吗？

成长课堂

其实挫折和失败并不可怕，因为人的一生中，会遇到的大大小小的挫折和失败不计其数。可怕的是，在挫折和失败面前，我们未战先怯，临阵退缩。这样我们将永远失去成功的机会。

面对失败最好的办法，就是勇敢地直视它，分析失败的原因，吸取失败的经验，找到自己的薄弱面，并在接下来的时间里进行重点突击。下一次，鹿死谁手还不一定呢！

对手，你好！

学习展板前围满了人，大家在看什么呢？原来，展板上贴着上周知识竞赛的结果，刘子师和隔壁班的林晨同学并列第一。

林晨和刘子师聪明好学，都是老师心目中的优等生。所以，他们俩免不了被别人放在一起比较。而林晨和刘子师也把对方当成自己的竞争对手，总是在暗中较劲，你追我赶，谁都不让谁。

如果你认为两人势如水火，一见面就会冷眼相对，火花四溅，那你就大错特错了。刘子师和林晨不仅不是

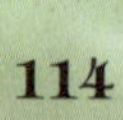

"敌人"，相反，还是很要好的朋友呢！

周末，两人经常一起爬山、一起去图书馆看书，学习上遇到问题还会互相交流、讨论，碰到不懂的地方，也会大方地向对方请教。总之，与其说两人是竞争对手，倒不如说是互相激励、共同进步的合作伙伴。

你有竞争对手吗？你又是如何对待竞争对手的呢？

对待对手的态度

- 学习对方的优点，总结自己的不足，学会取长补短。
- 重视你的竞争对手，永远不要小瞧他。
- 尊重你的对手，公平竞争，不要试图用不正当的方式攻击对方。
- 学习合作，实现共赢，是最好的竞争状态。

做喜欢的事

“每天放学后去踢足球是一天中最开心的时候！”

“啊啊啊，又到讨厌的数学课了。”

“下节课是我最喜欢的实验课。”

“又要去补习班了，好痛苦……”

为什么有的人每天看上去都很开心，而有的人却总是愁眉苦脸的呢？让我刘子师来告诉你吧！原因很简单，开心是因为在做自己喜欢的事情，而不开心则是因为在做自己讨厌的事情。这么说来，如果每天都能做自己喜欢的事，岂不是时时刻刻都沉浸在快乐和幸福里了？这样的生活多么美好呀！

当我们做自己喜欢的事情时，能充满动力，更有激情和耐心，从而轻松达到事半功倍的效果。而且，还能在过程中收获快乐！

所以，当感到烦恼或枯燥时，就去想想自己喜欢的事情吧！

我喜欢唱歌，课间十分钟，我都会哼上两句。上课时的疲劳就会全部消失哟！
我喜欢打篮球。每天放学后，我都会和朋友们打一场篮球赛，痛快极了！
10
Z 33
ZERO
我喜欢拍照。每到周末，我都会去郊外公园，用照相机留下美丽的风景。

激发你的潜力

“简直不敢相信，我居然做到了！”

“真想不到，我竟然全都做对了。”

“哇，太不可思议了，我竟然连进八个球！”

有时候，明明觉得自己做不到的事情，却突然做到了，连刘子师自己也无法相信呢！好像身体里有一股魔法，帮助他完成这件事。

你有没有这样的经历呢？其实，这并不是魔法的力量，而是我们的潜力在那一刻爆发了。

人的大脑天生就具备记忆、语言、创造等巨大的潜力，而且大脑中所蕴含的能力比你想象中的更强大。可以说，每个人都拥有无限的潜力，只是这种巨大的能力一直沉睡在大脑中，很少被利用。当潜力被激发出来，我们就能不断地突破自己。如果我们不去唤醒它，潜力就像被埋藏的矿藏，价值永远得不到体现。

唤醒沉睡的潜力

面对不擅长的事

每当韩里遇到自己不擅长的事情时，都会这样说：“无所谓啦，反正我以后又不当钢琴家，会弹简单的曲子就可以了。”

“我以后又不找有关画画的工作，现在学好画画有什么用呢？”

相比之下，刘子师遇到自己不擅长的事，说得最多的一句话就是：“我就不相信，别人能学好的，我就学不会。”

最后的结果是，韩里不擅长的那件事，到后来依旧不擅长，而刘子师原本不擅长的事，却越学越厉害。

面对自己不擅长的事情，我们之所以觉得困难，是因为我们对它不够了解，没有足够的毅力去战胜它。

如果像韩里一样，在遭遇困难之前，就告诉自己做不到、放弃吧，我们将永远无法跨越这道障碍。如果像刘子师一样，尽全力去做一件事，随着我们的深入了解，我们就会发现，困难并没有想象中的那么大，而且困难背后隐藏着很多我们没有发现的乐趣。

成功小讲堂

没有斩不断的荆棘，没有攀不上的高峰，没有越不过的海洋，更没有解决不了的难题。更何况，勤能补拙，只要我们有志气、有毅力，坚持不懈，就没有什么事是做不到的，没有什么事是做不好的。

别把固执当坚持

“friend，friend，朋友！”

“family，family，家庭！”

早上，刘子师正在背单词。孔小星听到后，皱了皱眉道：“你每次都是这样记单词吗？这样死记硬背吃力不讨好。你应该换一种方法。”

可是，刘子师却说：“大家都这样记，我觉得效果很好。”见刘子师坚持己见，孔小星便不再多说。

事实上，刘子师确实对记单词感到很头痛，他每天最多能记十个单词，而且记得不牢固，过几天就会忘。不过，他认为这个学习方法没什么不对，只要坚持下去，他就一定能克服记单词的难题。所以，刘子师根本不把孔小星的话放在心上。

有时候，性格执着并不是什么坏事。比如认定了目标就会一往无前地向前冲，比如做任何事都有始有终，再比如即使遇到再大的困难也绝不放弃……这样的坚持会帮助我们更快获得成功。

但是，如果明明有更好的选择，或明知道做错了时，却忽视别人的劝告，固执地认为自己是对的，不做改变，只会让自己吃更多苦头。

开心一笑

那只鸭子为什么那么大？
那是一只天鹅。
哦，那只鸭子可真大呀！
那是一只天鹅。鸭子的脖子可没那么长。
你说得很有道理，可我还是不明白，那只鸭子为什么那么大。

优秀男孩的

性格密码

冲动的后果

夜深了，房间里静悄悄的。刘子师躺在床上，怎么也睡不着。原来，他心里一直惦记着今天上午发生的一件事……

今天上午，第三节课的课间，刘子师和孔小星准备去操场打球，经过隔壁班的教室时，突然听到有人在说话。

“你知道四班的刘子师吗？”

“你说刘子师啊，他……”

刘子师听到有人在背后议论自己，认为一定不是什么好话，顿时气不打一处来，冲上去就推了那个说话的同学一把，质问道：“你悄悄在背后议论我什么……”

刘子师的话只说了一半，就发现由于自己的冲动，对方手里的白色模型被摔得粉碎。

对方气急败坏地大叫：“这是我参加比赛的手工作品！比赛明天就开始了！”

突发的事故像一盆冷水淋在刘子师的头上，刘子师吓得呆住了，喃喃道：“这……我不是故意的……”

看着对方眼眶发红，刘子师懊恼不已：这件事并没有什么大不了的，为什么自己就这么冲动呢？

有很多人做事总是不考虑后果，冲动地做出一些让自己后悔的事，有的甚至造成严重的后果。所以，无论遇到多么生气的事，一定都要学会控制自己的情绪，千万别让“冲动”这个大恶魔把自己的生活搅得一团糟呀！

对爸妈耐心一点儿

“好了，我知道啦！”

“行行行！别再唠叨了！”

“哎呀，每天都要做作业，烦不烦！”

“我都跟你说了多少遍了，你怎么还不明白！”

刘子师的性格里，好像没有“耐心”这两个字。

周末，刘子师正在房间做作业，妈妈时不时地来检查他的作业完成得怎么样了，一会儿告诉他“要细心”，一会儿告诉他“不要着急”……刚开始，刘子师还会耐心地点点头说：“我知道了，你放心吧！”

可是，妈妈唠叨久了，刘子师就有点儿不耐烦了。当妈妈再次走进房间时，刘子师大声说：“您怎么老是唠叨个不停啊！我真是服了您了！”

妈妈无奈地摇了摇头，默默地走出了房间。

刘子师发完脾气，就有点儿后悔不该这样对妈妈说话。可是，当下次遇到不顺心的事情，刘子师依旧控制不住自己的臭脾气，朝妈妈大吼大叫。哎……要是我能多一点儿耐心就好了。

适当的危机意识

马上就要考试了，别的同学都在紧张地准备复习，可孔小星却像什么事都没有一样，毫不在意。妈妈看到后忍不住叹气：“哎，孔小星，你就不能有一点儿危机意识吗？”

可是，孔小星根本没把妈妈的话放在心上。

而王进却刚好相反，一想到考试，他就非常紧张，甚至有些失眠。应该怎么应对考试？要注意什么？如果试卷太难怎么办？哎，王进真的担心过头啦！

一点儿危机意识也没有，会让人在懒散状态下变得不思进取；而过度的危机意识又会扰乱人的思绪，使你无法从容面对挑战。所以，面对即将到来的挑战，具备适当的危机意识才是最好的选择。

我的危机意识

☆ 对于一件很简单的事情或者不重要的事情，不要太过担心，这样的危机意识有点儿过度，甚至有点儿杞人忧天。

☆ 在学习中，要时刻保持警惕。即使在获得成功，或学习成绩很稳定时，也不能松懈哟。

☆ 无论做什么事情，都要事先做好准备，未雨绸缪。不要等到事情来了，才被动地去完成。

☆ 即使没有别人的提醒，也能独立自主地去完成。

向唯一的目标前进

最近，学校开办了很多兴趣班，有网球、羽毛球、篮球、足球、轮滑、舞蹈、书法等。

“每一个兴趣班看起来都不错，报哪一个班好呢？”刘子师有点儿苦恼。

爸爸说：“子师，选网球吧，你有一点儿基础，而且你不是很喜欢网球吗？”

“不！我要打篮球。王叔叔的儿子得过那么多篮球比赛的奖牌，我也要拿！”

就这样，刘子师去篮球兴趣班学了一个星期，结果发现打篮球时要体力，要耐力，也要合作，而且比赛时会有激烈的拼抢，这并不是他擅长的。

于是，刘子师打算转战游泳兴趣班，结果除了学了一个游泳的姿势，每天都是在游泳池里游来游去，刘子师觉得挺乏味的。

接下来去足球班？去轮滑班？

每次，刘子师总想着要跟某一个同学一决高

下，而冲动地选择了那个兴趣班。结果一个月过去了，刘子师一门特长也没学会。

爸爸见了，语重心长地说：“‘逐鹿者不顾兔’意思是打猎时追赶鹿的人，顾不上兔子。目标专一，努力学习，才能达到目的。如果顾此失彼，很可能会捡了芝麻丢了西瓜。子师啊，把你的网球重新练回来吧！你一定会像你的偶像德约科维奇一样，有所成就的。”

刘子师重重地点了点头。

从那以后，刘子师报了网球兴趣班，每天都坚持练习，放假时间还会拉上老爸一起去体育馆练习。

功夫不负有心人，在一年一度的青少年网球比赛中，刘子师一举夺冠，终于捧回了自己朝思暮想的奖杯。

你需要询问自己的几个问题：

1. 你会轻易地定下一个目标吗？
2. 你有很多个目标？
3. 你经常改变自己的目标吗？
4. 当你遇到困难时，你会放弃目标吗？
5. 当你对这个目标失去兴趣时，你就会放弃吗？

如果你的回答全是“NO”，那么恭喜你，你是一个一旦认准了一个目标，就会专注地向着目标勇敢前进的男孩，相信不久的将来，你一定会实现你的目标和理想！加油！

打架的男生才是男子汉吗?

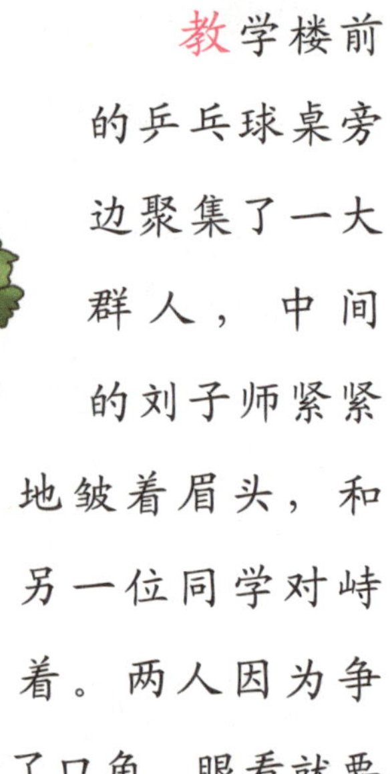

教学楼前的乒乓球桌旁边聚集了一大群人，中间的刘子师紧紧地皱着眉头，和另一位同学对峙着。两人因为争球桌发生了口角，眼看就要动起手来。

突然，刘子师说：“如果你想用，我就让给你好了。犯不着为了这么点儿小事动手。”

一场没有硝烟的风波就这样平息了。一旁看热闹的同学顿时议论纷纷：咦？怎么没打起来呢？真是胆小鬼，哈哈……

可是，刘子师却认为，打架不仅会被老师狠狠批评一顿，说不定还会叫家长呢！要么大方地把球桌让给对方，要么讲“先来后到”的道理。这些小事，为什么一定要用打架的方式解决呢？

男孩的性格和女孩不同，大胆、调皮、容易冲动，所以，难免会发生“动手事故”。有一些调皮捣蛋的男生甚至还因此沾沾自喜，认为打架是勇敢者的行为，不打架的男孩不算真正的男孩……

哎……难道男生就一定要会打架吗？

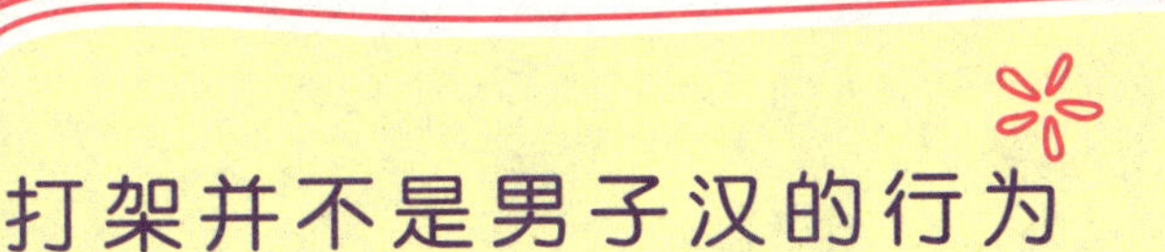

★ 打架并不能解决任何问题，只会让问题变得更严重。

★ 用道理说服别人。如果自己无法解决问题，就向老师或同学们求助。

★ 不要主动挑起事端，即使你有理。

★ 打架表明一个人没有涵养。

★ 不打架≠退缩，肯定有比打架更好的解决办法。

★ 想让自己变得强壮，不如多锻炼自己的身体，比如学习跆拳道！

猫头鹰型男孩 沉着耐心是一笔财富

喜欢安静的男孩

在同学们眼中，林墨总是一个人独来独往，不怎么爱说话，喜欢在安静的地方独自一人看书、学习。妈妈总是劝林墨要多和同学、老师交流、讨论，学习效率才能更高。

可是，林墨却为妈妈的话感到很苦恼，难道安静地学习就不能提高效率吗？

比起喧闹的教室，林墨喜欢待在安静的图书馆里看书。

比起和同学们一起聚会，林墨更喜欢一个人躲在房间里学习。

比起大家一起热闹地讨论，林墨喜欢静静地独自思考……

每个人的性格都不一样，在学习上的习惯也不一样，可能有的人适合热闹的学习环境，而有的人在安静的环境里，学习效率会更高，进步会更快。

林墨更适合安静地学习，所以，他并不需要改变自己的学习习惯。而我们也应该根据自己的性格，找到适合自己的学习方式。

同学们七嘴八舌

孔小星：让我一整天坐在书桌前看书，那比让我一天不说话更难受。我喜欢看一个小时书，出去玩十分钟，劳逸结合，学习才不会累！

韩里：我喜欢一边听钢琴曲一边写作业。当我感到疲劳时，舒缓轻柔的音乐能让我的大脑得到休息，学习起来会更轻松。

刘子师：我喜欢在热闹的教室里写作业、读书。听着同学们嘹亮的朗读声、激烈的讨论声、沙沙的做题声，我浑身充满动力，学得更起劲了。

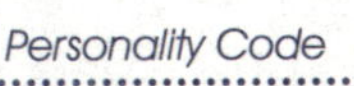

守规矩就是胆子小吗？

林墨是一个守规矩的乖学生，从来不迟到；上课不开小差；严格遵守校纪校规……

可不知道为什么，在同学们眼中，林墨变成了“胆小鬼”。

这天自习课，老师不在，教室里闹哄哄的。孔小星和刘子师正凑在一起说话，也不知道说了什么，两人都笑了起来。

前排的林墨皱了皱眉头，提醒道：“上课的时候不要说话！”

“反正老师不在，说两句话有什么关系。”孔小星不在意地说。

林墨一本正经地劝说道：“说一句话也是说话，难道自习课保持安静，不是我们应该做的吗？”

“嘁，胆小鬼，不就是怕被老师批评么……”孔小星小声嘀咕道。

林墨假装没听到，心里却很难受，难道守规矩就是胆子小吗？

俗话说：“无规矩不成方圆。”社会能和谐地发展，是因为有法律法规的约束；汽车和行人能在马路上畅行无阻，是因为交通规则的管制；一个人要在社会上生存，也需要道德规范的约束；一个学生在学校生活、学习，更需要遵守校纪校规。

年少的我们，并不具备强大的自制力，一不小心就容易犯错，甚至误入歧途。这时候，“规矩”就变得特别重要。在“规矩”的约束下，我们能少犯错，并养成良好的生活、学习习惯，成为一个更优秀的人。

生活中男孩需要注意的事

- 对法律有最基本的认知。
- 遵守交通规则。
- 了解并遵循各种文明礼貌的规范。
- 不要刻意地破坏规则。
- 有正确的原则意识，绝对不去做违法乱纪的事。

把东西分类

周末，孔小星到林墨家去玩。林墨家的书房很大，几百本书整整齐齐地放在书架上，看得人眼花缭乱。

“这么多书，如果你要看一本书，不得找一个上午？”孔小星疑惑地问。

林墨说：“不会啦！不信你说一本书的名字，我十秒钟就能找到。”

“真的？”孔小星有些怀疑，“那你就把《西游记》找出来吧。”

林墨想了一会儿，走到书架旁边，从第三排的中间取下一本书，正是孔小星要找的《西游记》。

“咦？你怎么知道《西游记》就放在那里？”孔小星很好奇。

林墨笑了笑，说：“其实很简单啦，只要将书本进行分类，就能轻松找到想找的图书了。”

这么简单？孔小星心想：回家后自己也要将图书分类，这样找起来就方便多啦！

将图书分类的方法

☆首先，将图书分为几个大类，比如社会科学类、文学名著类、学习教育类、工具书等。

☆在大类下又将图书分为几个小类，比如文学名著又可以分为外国文学名著和中国文学名著。

☆将图书按照分类摆在书架不同的位置，同时在书架上贴上分类标签，以免忘记。

☆将常用的图书摆在最显眼的地方。

生活中还有什么东西能够分类呢？

★ 衣服：四季的衣服可以分开放。同时，每一季的衣服可以分类。比如T恤、裤子、外套等可以分类摆放。

★ 书包：将你书包里的东西全部倒在桌上，摊开，重新清理一遍。

★ 课桌：将课本、教辅材料、作业本分开摆放。老师讲解过的试卷可以用文件夹统一装起来。

做完这些，相信你一定能成为一个干净整洁、思路清晰的男生哟！

生活要井井有条

“啊，我还有些事没做呢！”

“我的钥匙不见了，我明明记得放在这儿的。”

“咦？我的参考书又去哪儿了？”

“老妈，你知道我的棒球外套在哪儿吗？”

“我还有一只袜子去哪儿了？”

老天！孔小星的生活简直一团糟！常常忘记自己的计划，不记得要做哪些事，关键时刻找不到需要的东西，作业太多，像一团乱麻……这样的生活糟糕得让人头痛！这都是做事没条理惹的祸，不仅浪费了时间，还给自己带来了很多麻烦。

为什么不能把自己的生活打理得井井有条呢？这样生活不是

会变得更轻松吗？

如果你的生活也像孔小星的生活一样，一团混乱，让你感到非常烦恼，那么，赶紧向林墨学习学习吧，让自己的生活变得井井有条！

六种办法，让你变得条理清晰

★ 学会制订一张计划表，把要做的每一件事都详细地记录下来。

★ 保持你的外表简洁，能让你感到神清气爽，做事时也会更有条理。

★ 购买文件夹、书签、收纳盒等工具，让你的生活变得更有条理。

★ 每一件东西都有自己的位置，使用过的东西放回原位。

★ 从最不想做的事情开始做。

★ 定期清理自己的东西，避免混乱。

精确到五分钟

林墨身上经常揣着一个小本子，总是时不时掏出来看一看。孔小星很好奇，忍不住问："你那个本子上写了什么？神神秘秘的。"

林墨大方地把本子拿出来，说："你看看不就知道了。"

孔小星翻开一看，本子上画满了方块，每一个方块里还标注了时间和要做的事。

“这是什么？”孔小星瞪大眼睛。

林墨解释道：“这是我给自己制订的时间表，我把每一件要做的事和需要花费的时间记在方块里，并要求自己按照方块里的规定去完成。”

孔小星惊讶地大叫：“天哪，你都精确到五分钟了呢！”

林墨有些不好意思地挠挠头：“我平常办事老爱拖沓，只好出此下策啦，没想到还挺有效果哩！嘿嘿。”

难怪平时林墨做事效率特高，原来他在暗暗地改变自己呢！

猫头鹰型男孩的时间整理法

★ 把自己的时间分割成小块时间，有利于充分地利用好时间。

★ 在规定的时间内完成每一件事情。

★ 如果拖沓症比较严重，需要把对时间的安排精确到分钟。

★ 利用碎片时间，即零碎时间，比如预备铃到上课铃之间的两分钟，你可以把上课需要的工具准备好。

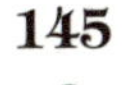

完美主义

语文课上，正在写作文的林墨突然停了下来，把写了一半的作文纸撕下来，开始重新写。

孔小星莫名其妙地问：“写得好好的，你干吗撕了？”

林墨说：“我刚刚写错了一个字，看上去很不美观。”

孔小星拿过他撕下来的作文纸一看，字迹漂亮整齐，除了中间有个字写歪了，其他一点儿问题都没有。

孔小星很不解地说：“这还不美观？就算是电脑打印出来的作文也会有小黑点呀！”

林墨烦躁地揉了揉头发：“我怎么看怎么别扭，反正重写一遍也花不了多少时间。”

哎，林墨就是这样一个完美主义者，他希望把每一件事都能做到一百分。如果考试的时候因为写错了一个字，就要重新写，那得浪费多少时间啊！

当然啦，很多人都想追求完美，努力将每一件事都做到最好，这样的性格也能帮助我们成为更优秀的人。可是，世界上并不是所有的事都是完美无缺的，很多事都难免会出现小差错。如果总是跟一些无法避免的小问题较真，这不是自寻烦恼吗？

偶尔也让自己“不完美”

- 换个角度看问题。试想一下，正是生活中有很多事情让你感到沮丧、绝望，你才会因此而付出更多的努力，不是吗？
- 允许自己只是良好。实际上，当你不去追求完美，而只希望表现良好时，往往会取得出人意料的好成绩。
- 接受“瑕疵”。不要因为一件事没有做到完美的程度而自怨自艾，要知道缺陷也是一种美嘛！
- 正确地认识自己。不要高估自己，也不要过于自卑。如果事事都要求完美，这将会成为你成功道路上的一大障碍。

内敛的性格

性格外向的人，情绪都表现在脸上。比如孔小星，开心时咧嘴大笑，眼睛能眯成一道弯；生气时脸色阴沉沉的，明显写着“不要惹我”四个大字……

而性格内敛的人，喜怒不形于色。比如林墨，脸上唯一的表情就是“面无表情”，让人猜不透他什么时候高兴，什么时候不高兴。

像林墨这样的性格好吗？从好的一面来说，林墨可能是一个懂得隐忍、冷静沉着的人；可是，从不好的一面来看，情绪总是被压抑，得不到释放，很可能会憋出病来！

所以，如果你是一个性格内敛的人，当你遇到压力或困惑时，一定要跟家人、朋友倾诉，千万不要总是憋在心里哟！

你是一个性格内敛的人吗？

- 喜欢思考，想法很多。
- 不善于说谎，所以更真诚。
- 不善于表达自己的内心情感。
- 不善于交际，总是直话直说。

性格内敛并没有什么不好，但是偶尔我们也应该敞开自己的心扉，走出自己的小空间，尝试着向值得信任的人倾诉自己的心事，交一两个真诚的朋友，参与到集体活动中去……你会发现，这个世界远比你想象的要美好、温暖许多呢！

憋在心里的话

“才考了这么一点儿分数，你太让我失望了！”爸爸的责备声在林墨的脑海中回响着，这让他心里一阵难受。

该怎样告诉爸爸，自己因为压力太大，过于紧张，所以考试才会发挥失常呢？如果这样说，爸爸会更生气吧！

又该怎样让爸爸相信，自己下次一定会好好考试，绝不会再出现这样的情况……

“唉……”林墨躺在床上，长长地叹了一口气。

每当和爸妈发生矛盾时，林墨就会把自己关在房间里，把所有的情绪都深埋在心底。从来不会向朋友们倾诉，更别说和爸妈沟通了。

其实，林墨这种“沉默”的做法并不对。

因为缺乏沟通，他和爸妈之间的关系只会更加恶劣。而且，时间久了，林墨心里的消极情绪也会越积越多，从而变得更加沉默寡言。

所以，当我们遇到这样的事情时，一定要多沟通、多交流、多倾诉。当你把憋在心里的话说出来时，你会轻松很多。

让心情更轻松的办法

- 对着天空大喊，或者围着操场跑几圈，让风把你的难过心情都吹走吧！
- 把不开心的事写进日记本里，过一段时间再看，你会发现这些事根本不值得你烦恼。
- 和朋友们去打一场球，流一身汗，即使再多的不开心也会消失。
- 如果和爸妈产生误会或矛盾，一定要及时沟通，这样才能打开彼此的心结！

有沟通才会有理解

因为考试没考好，林墨和爸爸大吵了一架。这都过了好几天，父子俩还没和好呢。

孔小星知道这事后，对林墨说："哎，有沟通才会有理解嘛。如果你平时和你老爸多聊聊、多谈谈，就不会产生这么大的矛盾了。"

林墨垂着头，沮丧地说："可是，我嘴笨，不会说话……"

孔小星瞪了他一眼："不会说，就用写的啊！"

亲爱的爸爸：

首先，我为这次考试的事情向您道歉。我知道，您一直希望自己的儿子变得和别人一样优秀。可是，我真的在努力了。我需要的不是指责，而是鼓励，请给我一点儿鼓励，好吗？

也请您相信我，我正在慢慢地进步。下一次，我一定会证明自己！

您的儿子：林墨

林墨听了孔小星的话，思考了很久，终于决定给爸爸写一封信。

果然，看了林墨的信后，爸爸改变了很多，不再动不动就责骂他。每天吃完晚饭，林墨还会和爸爸一起看看电视、聊聊天。而且，得到了爸爸的理解后，林墨在学习上更加努力了，取得了很大的进步呢！

如果你也和爸妈闹了矛盾，却不知道如何开口，就给他们写一封信吧！

给爸爸（妈妈）的一封信：

说话太直接了？

吃完午饭，孔小星和林墨正聊得开心。

突然，林墨盯着他，大声说：“孔小星，告诉你一件事。你的牙齿上粘了一片菜叶！”

顿时，周围的同学哈哈大笑，那些嘲笑的眼神像探照灯一样照在孔小星身上。

“喂！你就不能小点儿声吗？非要当着这么多人的面说出

来。”面红耳赤的孔小星尴尬极了，只想找个地洞钻进去。

直话直说能给人留下直爽、利落的印象。可是，像林墨这样不分场合，有什么就说什么，还真是让人尴尬呀！

如果林墨将说话的方式换一换，孔小星就不会这么尴尬啦！

说话时要注意……

■重要的事情说重点，不要拐弯抹角。

■不方便直说的事情，不能当众说出来使人尴尬，最好选择一种委婉的方式。

■反驳别人的观点时不要太直接，可以委婉地说，比如：“你的观点很独特，不过我觉得还能再完善一下……”

■遇上紧急情况，三言两语就要把事情说清楚。否则会耽误很多时间，造成不必要的损失。

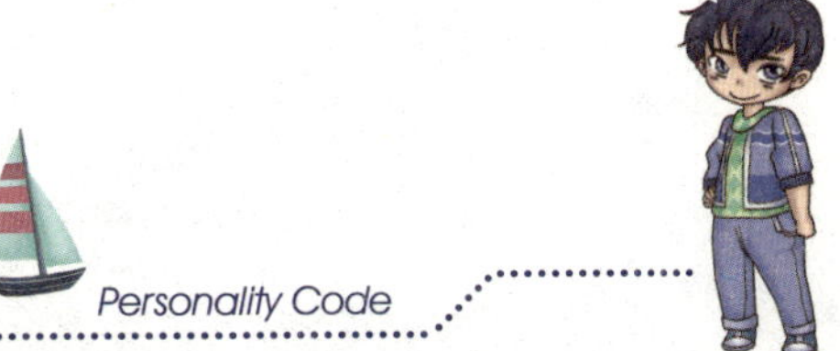

嘴笨的男孩

周末，林墨邀请韩里、刘子师、孙小星和朵朵来家里做客。中午，孔小星迟迟没来。林墨自言自语道：“咦？怎么该来的还没来？”

听到这话，韩里暗想：该来的还没来，难道我是不该来的？于是，韩里起身，借口有事离开了。

林墨后悔自己说错了话，赶紧说：“不该走的又走了！”

朵朵听后，心想：不该走的走了，难道我才是该走的？

于是，朵朵也离开了。

林墨着急地说：“哎呀！我说的不是你们啊！”

刘子师一听这话，心想：说的不是他们，那说的就是我咯？我还是走吧。

最后，林墨因为不会说话，把朋友们都气走了，心中十分懊恼。

林墨常常会说一些让人误会的话。比如，有时候明明是在真诚地赞美别人，可是在对方听来却像挖苦；有时候明明没什么特殊意思，在别人听来却像是话里有话。为此，林墨感到烦恼极了。哎，他应该怎么办呢？

嘴笨，如何是好？

- 放慢说话的语速，尽量让对方明白你的意思，避免词不达意。
- 说话前先想一想，这样说是不是合适。
- 说话时不能着急，不要试图一下子表达太多的东西。
- 多和人说话。比如，买东西时，和老板交谈；逛街时，和服务员拉拉家常。不要因为自己嘴笨，就故意让自己少说话。
- 多听别人说。你身边一定有很多受欢迎的人吧，听一听他们是怎么和别人说话的。
- 心态要好，不要害怕。你越紧张，就越说不好话，所以，要保持放松的状态和他人交谈。

别总板着一张脸

“你怎么了，心情不好吗？”早上，孔小星突然小心翼翼地问林墨。

“没有啊！你怎么会这么认为？”林墨莫名其妙地看了他一眼。

“那就好！我看你总是板着一张脸，还以为你不开心呢。”孔小星夸张地拍了拍胸口，长长地舒了一口气。

“难道我经常板着脸吗？”林墨摸摸自己的脸，更疑惑了。

孔小星肯定地点点头。

原来，林墨平常很严肃，不爱说话，也不爱笑，不知道的人，还以为他在生气呢。因此，

大家都不愿意多和他说话，生怕一不小心惹他不高兴。时间久了，林墨变得越来越沉默寡言。

孔小星拍了拍林墨的肩膀，大声说：“所以啊，经常板着脸有什么好呢？多笑一笑，人才会变得快乐，别人才会愿意和你交往，生活才会更有意思呀！”

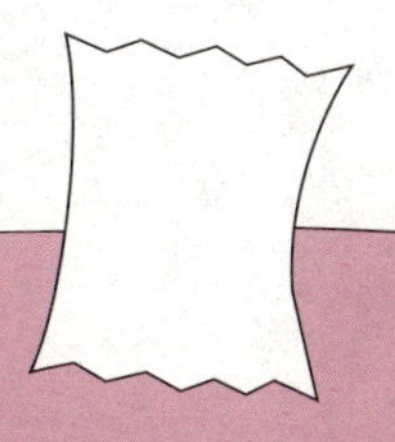

把开心挂在脸上

- 给别人一个善意的微笑。
- 积极乐观地面对生活和学习吧！
- 寻找学习和生活中的趣事，给自己增添一点儿乐趣。
- 每天早上，都对着镜子笑一下吧！
- 多和朋友们聊聊天。
- 没事的时候，看一看笑话书和幽默电影吧！

能说到做到吗？

马上就要考试了，林墨和朋友们约好周末一起去学校补习。可是，天公不作美，星期六一大早，就下起了瓢泼大雨。

“还去不去呢？”林墨站在窗前嘀咕。去吧，可是雨这么大，有点儿不想去，其他人应该也不会去吧；不去吧，可是和大家约好了，如果不去就是不守信用。

林墨犹豫了一会儿，还是决定背起书包，打开门走了出去。

等他到教室时，朋友们都到齐了。

孔小星笑嘻嘻地说："你家电话打不通，我们还以为你不来了呢！"

林墨有点儿不好意思："既然约好了，我就一定会来的。"

我们生活中常常会遇到这样的事情，答应了朋友一件事，却因为某些原因没有做到。也许我们觉得这是无关紧要的小事，可是失信的次数多了，渐渐地，就会失去朋友的信任。

所以，我们既然做出了承诺，即使是一件小事，也一定要说到做到，并且尽自己的全力做到最好。

做一个恪守承诺的男孩

· 遵守诺言就像保卫你的荣誉一样。——[法]巴尔扎克

· 如果要别人诚信，首先自己要诚信。——[英]莎士比亚

· 失信就是失败。——[法]左拉

· 信用既是无形的力量，也是无形的财富。——[日]松下幸之助

· 失足，你可以马上恢复站立；失信，你也许永难挽回。——[美]富兰克林

别太挑剔啦！

林墨是班上出了名的挑剔王，他不仅对自己挑剔，对同学们也很挑剔。

这天大扫除，林墨作为卫生监督员，正在监督大家搞卫生。

林墨对正在擦玻璃的孔小星说："孔小星，右下角太脏了！"

孔小星低头一看："哪里脏了，只有一点儿灰而已！不仔细看根本看不见。"

"不行，你得重新擦一遍！"林墨认真地说。

孔小星小声嘀咕道："真是个挑剔大王。"

林墨走到另外一边，对正在给植物浇水的朵朵说："你浇得太多了。"

朵朵少浇了一点儿，林墨

又说：“你浇得太少了！”朵朵气得直跺脚。

唉！这样的事情简直数不胜数。其实，在学习和生活上对自己挑剔一点儿，并没有什么坏处。因为挑剔会让你做事时更认真、更谨慎，失误就会远离你。可是，如果像林墨一样，事事挑剔，不放过自己的同时，也不放过身边的人，不仅让自己很辛苦，还让别人觉得很不舒服。

所以，该挑剔的时候要挑剔；不该挑剔的时候，千万不要在鸡蛋里面挑骨头啦！让自己和他人都轻松一点儿吧！

学会欣赏，别太挑剔！

- 世界上没有完美的人，接受自己的小缺点，别老用太苛刻的眼光看待自己，搞得自己越来越不自信。

- 每个人都有缺点，但也都有可爱之处，学会欣赏身边的每一个人，才能交到更多特别的好朋友。

- 和别人合作时，多对对方说鼓励的话，少说指责的话，大家的劲儿才会往一处使，做事的效率才会更高哟！

爱较真的男孩

林墨准备报名参加作文比赛。孔小星开玩笑说："哈哈，如果你想拿到第一名，那你得改掉记流水账的习惯啊。"

"喂，你这话是什么意思？你是在说我的作文写得很差吗？"林墨突然生气地大声说。

孔小星说："我当然不是这个意思，我只是在开玩笑啦，我也希望你在比赛中能取得好成绩！"

"你的玩笑一点儿也不好笑！"林墨冷冷地说。

孔小星很郁闷，明明只是一句玩笑，林墨怎么就生气了呢？哎，以后谁还敢和他开玩笑啊！

你会为了朋友的玩笑生气吗？

你会为了一次小分歧而争执不休吗？

你会揪住别人的错误，得理不饶人吗？

如果你的回答全都是“yes”，那只能遗憾地告诉你，你是一个爱较真的男孩。

爱较真的劲头如果用在学习上，有可能会助你取得意想不到的好成绩。可是，如果将它用在和同学、朋友的相处上，就会变成你在人际交往中的一大阻力。因为没有人会愿意和一个凡事都爱斤斤计较、心眼很小的男生做朋友。

别太较真，让生活更轻松！

· 当别人的玩笑触碰到你的原则时，就礼貌地对对方说“请不要再开这样的玩笑了”；如果只是善意的玩笑，那就大方地接受吧！

· 不要总是把事情往坏处想。调整自己的心态，不要总是为了一些小事感到焦虑和担忧。

· 用一颗宽容豁达的心去原谅别人的小错误。下一次轮到你不小心犯错时，别人就会用同样的态度对待你。

说话做事留有余地

林墨和韩里因为一件小事大吵了一架，林墨怒气冲冲地说：“我发誓，再和你说话，我就是小狗！”

第二天上课时，老师让大家分组讨论问题，林墨和韩里刚好分到了一组。这下好了，林墨不得不和韩里说话了。

孔小星在一旁悄悄笑话林墨：“瞧你，昨天才说自己是小狗，今天就真变小狗了，哈哈！”

林墨又羞又恼，心里直后悔：昨天真不应该把话说得那么满。

如果杯子里的水装得太满，轻轻晃动一下，就会洒出来；如果把气球吹得太大，只要再吹入一点儿空气，气球就可能会爆炸。与人交往也是一样，如果把话说得太满，没有回旋的余地，很可能导致双方关系的僵化，造成尴尬的局面。无论是做事，还是做人，我们都应该留有余地，这样才不会因为一时冲动而陷入绝境。

别把话说得太满

- 对别人的请求，可以答应，但不要把话说得太满，比如说“我尽量”“我全力以赴”。这样既无损你的诚意，也能显示出你的谨慎。
- 和朋友发生争执的时候，不要因为一时冲动，说出“誓不两立”的话语。因为即使事后和好了，也会在彼此心中留下裂痕。
- 不要过早地对人下定论。比如，刚见了一面，就认为这个人这里不好，那里不行。只有经过长期的相处，才能真正了解一个人。

你已经很努力了！

为了一次比赛，林墨花了几个星期的时间来准备。可是，这次比赛的结果还是很糟糕。林墨默默地回到家，心里充满了失落。

“唉……”这已经是林墨第二十次叹气了。林墨揉了揉自己的头发，难过地想：自己真的太没用了。

你是不是也曾遇到过这种情况呢？明明已经尽了自己最大的努力，可是取得的成绩却不尽如人意。这时的你，是不是也像林墨一样不停地抱怨自己，认为自己不行呢？

世界上并没有没有失败过的成功者，一次的失败并不意味着你不行，不能因此就一蹶不振。

只要我们努力了，就一定会有收获。也许这份收获暂时不是成功，但在努力的过程中我们得到了宝贵的经验和越来越强大的能力。接下来，只要我们从失败的沼泽里站起来，不放弃努力，就会离成功更近一步。

即使努力了，依旧遭遇失败时……

◆ 付出了一定会有回报。虽然没有回报成功，却回报了其他珍贵的东西。试着去找一找，你在努力的过程中，都获得了什么吧！

◆ 如果你已经尽自己最大的努力，取得的成绩却依然不如意，那么静下心来仔细想想，是不是自己的学习方法不对呢？

◆ 压力能助人上进，但过度的压力反而会让人失去动力。所以，不要把自己逼得太紧，适当地放松一下吧！

规则vs情感

上课了，林墨匆匆地往教室走去，突然听到身后传来“砰”的一声巨响。他回头一看，只见孔小星不知所措地站在楼梯间，旁边的仪容镜已经碎了一地。

“我……我不是故意的。”孔小星赶紧拉住林墨，紧张地说，“林墨，咱俩可是最好的朋友，你千万别把这件事告诉班主任，不然我就死定了！”

林墨顿时皱紧眉头。谁都知道，林墨是最守规矩的好学生，可是，孔小星却是林墨最要好的朋友。面对规矩和朋友，林墨该怎样选择呢？

· 选择告诉班主任

林墨没有违背自己的原则，他大公无私的行为得到了表扬。可是，孔小星也因此受到了批评，并埋怨林墨不讲义气，两人之间的友谊有可能会出现裂缝。

· 帮助孔小星隐瞒下来

林墨明知道孔小星闯了祸，不仅没有帮他改正，反而还帮他隐瞒。林墨觉得很不安，内心在不断地谴责自己。他做什么都没有心思了。

如果你是林墨，你有没有更好的办法呢？

★ 说服孔小星自己去承认错误。规劝他改正，才能真正帮到他。

★ 如果说服不了朋友，就坦诚地告诉他：“如果你不主动承认错误，我就只好告诉老师了。”然后再向老师报告。千万不要悄悄地背着朋友打小报告。

★ 如果因此产生了矛盾，千万不要彼此疏远，主动向朋友解释。相信过不了多久，朋友一定能理解你的苦心。

集体是个大家庭

体育课上，一场八百米友谊赛正在紧张地进行着。

随着一声哨响，运动员们像离弦的箭，“嗖”的一声冲了出去。可是，因为起跑时的失误，林墨刚冲出了几步，就摔倒在地。

膝盖传来一阵刺痛，林墨疼得直哼哼。

“怎么样，能坚持下去吗？”班上的几个同学走过来，关切地问。

林墨点点头：“应该能！”说完，他双手撑着地，摇摇晃晃地站了起来。

“坚持住呀，林墨！”

“加油呀！林墨！”

“吼吼，林墨，你是最棒的！”

"林墨第一，林墨加油！"

同学们纷纷为林墨加油打气。

听着同学们为自己打气的声音，林墨顿时浑身充满了力量，他咬咬牙，一瘸一拐地向终点跑去……

一滴水，只有融入大海才不会干涸；一个人，只有融入集体才能发挥力量。每个人的成长和发展都离不开集体。所以，学会让自己融入到集体当中，你会发现，集体就像一个大家庭一样，充满了爱和温暖。

关于集体的格言

■不管一个人多么有才能，但是集体常常比他更聪明和更有力。——［苏］奥斯特洛夫斯基

■事实上，我们全都是些集体性人物，不管我们愿意把自己摆在什么地方。——［德］歌德

■人不可能孤独地生活，他需要社会。——［德］歌德

■单独一个人可能灭亡的地方，两个人在一起可能得救。——［法］巴尔扎克

你不是一个人

最后一场考试结束了，教室里一片欢腾，同学们纷纷把废纸抛向空中，释放自己的喜悦……

可是，林墨却在心里暗暗叫苦：今天可是自己值日，这么多垃圾，得扫到什么时候啊？找同学帮忙吗？可是放假了，大家都想到点回家吧！还是不麻烦大家了。

想到这儿，林墨默默地走到教室后面，拿起扫把……这时，旁边突然伸出一只手臂，拿起了另一支扫把。

林墨惊讶地抬起头："孔小星，你……"

孔小星笑嘻嘻地说：“这么多垃圾，你一个人扫到天黑都扫不完，还是我们来帮你吧。”

这时，韩里和刘子师也走了过来。

韩里拿起拖把：“我负责拖地。”

刘子师拿起水桶：“我负责打水，洒水。”

林墨感动地看着他们：“太麻烦你们了……”

孔小星摆摆手：“这么客气干吗？我们是好朋友嘛。不要什么事都一个人扛，遇到困难时，我们这些朋友可不是摆设呀！”

林墨心想：能拥有这样一群好朋友，我真是太幸运了。

常听人说，男孩应该自立自强，可是这并不代表所有事情都要独自一人去完成。当遇到不能解决的事情，不要默默地承受，去找同学和朋友帮忙吧！告诉自己，你不是一个人！

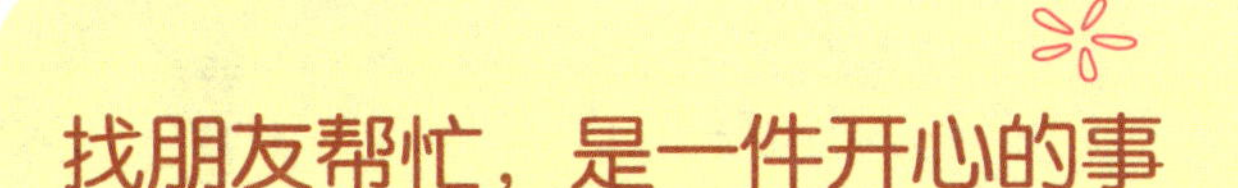

找朋友帮忙，是一件开心的事

- 在你伤心时，朋友会给你安慰，让你不再难过。
- 遇到困难时，朋友会施以援手，帮你渡过难关。
- 感到孤独时，朋友会陪在你身边，排遣你的寂寞。
- 遇到失败时，朋友会给你力量和鼓励，让你重新振作起来。

图书在版编目（CIP）数据

优秀男孩的性格密码：受欢迎的小秘密 / 彭凡编著
. —北京：化学工业出版社，2016.9（2024.9重印）
（男孩百科）
ISBN 978-7-122-27600-1

Ⅰ. ①优…　Ⅱ. ①彭…　Ⅲ. ①男性-性格-培养-青少年读物　Ⅳ. ①B848.6-49

中国版本图书馆CIP数据核字（2016）第158885号

责任编辑：马鹏伟　丁尚林　　文字编辑：李　曦
责任校对：程晓彤　　装帧设计：尹琳琳

出版发行：化学工业出版社（北京市东城区青年湖南街13号　邮政编码100011）
印　　装：天津市银博印刷集团有限公司
710mm×1000mm　1/16　印张11　2024年9月北京第1版第18次印刷

购书咨询：010-64518888　　售后服务：010-64518899
网　　址：http://www.cip.com.cn
凡购买本书，如有缺损质量问题，本社销售中心负责调换。

定　　价：25.00元